Hundred years of classic hair design

Hairstyling

年來的**經典髮型**
見證了多少經典？

全新修訂版

秀髮的百年盛宴。

陳冠伶 著

台灣第一本結合「髮型」與「歷史」的髮型時尚史！
奧黛麗赫本在羅馬假期中著名的赫本頭、法拉佛西在霹靂嬌娃中的大波浪捲髮、
貓王的飛機頭、披頭四的馬桶朵瓜頭，百年來令人難忘的經典髮型，
一一在你面前呈現。

Con tents

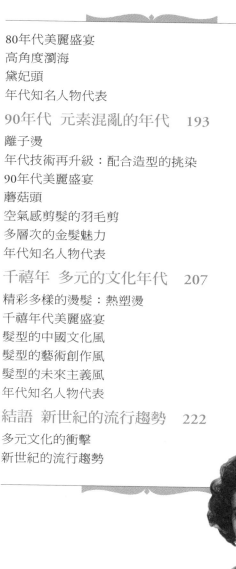

Contents

作者序

　　在我置身美髮業界和擔任大學教授多年，閱讀過許多關於藝術與時尚的書籍和記錄，有西洋藝術史、中國藝術史、服裝史，也有很多關於藝術的故事和時尚品牌有關的討論；而對於時尚中應該占重要地位的髮型相關資料雖甚多，卻都屬於片段式的發表和小章節的美髮資訊。教學多年以來，我也開設了年代髮型設計的課程，教材的取得通常是自編或由網路搜尋，但總覺得這些都很薄弱，它似乎缺少些什麼，但這是什麼呢？我想那是一部時尚中的髮型史。

　　從事美髮相關工作已有三十多年，在業界的美髮設計師多數會模仿，難得自我創作，又怎麼會知道所有的創作，最重要的是了解其歷史演變。這不但是一個話題，更會是靈感的來源，這個話題可以讓專業設計師和顧客溝通中更具故事性，在爾後的創作會更有依據。

　　在學界，學生們總會想要學習更多、更新的技藝，卻很容易忽略最基本的概念，多數的理論內容，總是讓學生們感覺枯燥乏味，藉由這一本書我們將百年來的髮型、服裝、彩妝與時事有關的時尚話題，做一個

系統性的整理，希望透過每一個階段所發生的歷史，讓讀者可以了解當時的文化背景，而對時尚流行及髮型演變多一點充實與認知。

　　現今，每個人對於髮型的要求已不同於以往的墨守成規，大多數的人皆能夠簡單打理自己的髮型，美髮資訊也不再只是專業髮型設計師才關心的話題了。討論時尚話題的電影，像《香奈兒的秘密》、《時尚女王香奈兒》、《時尚惡魔的聖經》、《時尚大帝》、《穿著Prada的惡魔》等，都有極佳的票房。慶幸的是，在時尚中的髮型，也因為這一波的整體造型，而有了極重要的藝術地位。因此，這本書在此時誕生，我們希望可以讓更多的人，除了透過電影、電視、網路和報章雜誌，也能有一本專書可以讓欣賞髮型具有歷史性。

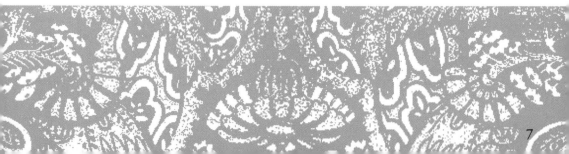

前言

　　由於民族與地域性的不同，造型的文化演變也會有所不同，透過遠古時期的壁畫中，我們就可以看出端倪，大約從冰河時期就出現人類對於造型概念的雛型，並且不論男女。

　　我們都知道最初原始人開始懂得利用樹葉、皮草來遮蔽下體及禦寒，因此最早的造型源自於服裝，之後到了青銅器時代，人們開始懂得利用金屬來做裝飾物品，首先就是由頭部裝飾物開始。最初只是用來禦寒、保護頭部，到後來從壁畫中我們可以清楚看到他們將頭髮束起、編髮，甚至加上象牙、銅器……等等裝飾品。同樣在此階段，他們也學會了利用植物中的天然色素，進行染色彩繪的動作，這可說是最早期的美髮歷史。

　　13、14世紀後，人們開始狂熱於信仰各式宗教，西方世界以羅馬梵蒂岡天主教會為主體，所以在造型上便開始趨向模仿心中景仰的對象，史詩故事中的女神雅典娜成了時代美麗女性的完美化身。大波浪的及腰長髮，正是當時女性所爭相仿效的，無奈當時燙髮技術未純熟，普羅大眾仍是以土法煉鋼的鐵棍加熱來塑型，但那無法持久，直到1906年才由英國理髮師卡爾‧內斯勒先生發明熱塑燙髮。15、16世紀貧富差距大，貴族平民階級之分是當時的社會風氣，髮上裝飾著各

式各樣的豪華飾品，是貴族們顯示自身財力的方式，和當初的宗教氣息截然不同；文藝復興後，西方國家不再是過去封建的社會，而且藝術的創作自由，從之後約17、18世紀出現的巴洛克、洛可可、羅曼蒂克等時期可以看出。到了第一次世界大戰的前後期，髮型設計在此時有了最蓬勃發展的改變，染髮、冷燙、熱塑燙髮、剪髮、吹髮……等技術都在20世紀完美呈現。

　　透過20世紀傳播媒體的發達，所謂的流行時尚，一直是透過媒體不斷的對人們造成影響。因此流行趨勢，往往就是透過當時的螢幕偶像，所發展出來的模仿效益，這和13、14世紀前的模仿宗教有異曲同工之妙。有人這麼說：電影帶動了流行，明星主宰了風潮，由此可見，一個流行的發展與媒體之關係密切。如同奧黛麗赫本在羅馬假期電影中的赫本頭，風靡至今，以及霹靂嬌娃中的法拉佛西在電視劇中的大波浪捲髮，後來成了風靡全球的法拉頭……等等，都是最好的例子。

　　學習的開始便是模仿，有了模仿我們才會更進一步發展尋求屬於自己的風格。接下來在後面的章節，我們以近代時尚大事為主軸，為您剖析這百年來的髮型設計歷史演變，透過一些代表人物的方式，讓您輕鬆了解年代的風格。

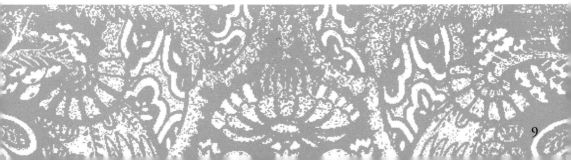

人類的美髮簡史

人類的歷史，從舊石器時代算起至少幾十萬年，但文字卻是在約西元前4000年，由美索不達米亞蘇美人創造的象形文字才真正開始。對於人類的歷史來說，文字的出現，等於是一個文明新階段的開始。依現階段的考古發現，一般認為最初的文明發源地，都指向四大文明古國：古埃及、美索不達米亞（大致上位於現今伊拉克的幼發拉底河和底格里斯河之間）、古印度及古中國。

而造型的演化也是從文字及圖像記錄時期開始才變得更加豐富。當然四大古文明時期的這個階段，造型仍然以保護身體為主，尤其對於沙漠地區來說，乾燥的氣候和沙塵對身體健康是一大傷害，所以沙漠地區的人都會留著一頭厚重的瀏海用以遮蔽部分眼睛、預防風沙。

後來的青銅器時代（約西元前3500年），才慢慢出現了人類對於美感的養成。人們開始透過象牙、動物皮草、銅器、去製造裝飾品來打扮自己，不單只是局限在簡單的偽妝身軀而已。人類造型歷史來到此階段，算是又有了新的開端。

比較來看，東方世界雖然比起西方地區擁有更早的歷史，但很可惜的是還處在列強瓜分，並未統一壯大。雖然在西元前221年，秦王一統中國，但也只不過短短的幾十年，又隨即瓦解。相較之下此時的羅馬，已經來到了權貴專制的大羅馬共合時期，直到西元前137～71年間，陸續爆發的奴隸起義後，大大衝擊了羅馬的階級奴隸制度，才讓這樣的共合制轉向帝制化。

當時，羅馬帝國版圖雖然橫跨了歐、亞、非三大洲成為世界強國，但在文化藝術方面，卻臣服在希臘之下，所有的建築、服妝、髮

《埃及艷后》劇照。

型、配件等等，幾乎是承襲了希臘獨有的拜占庭風格。

而我們現代人對整體造型的歷史概念，其實是從認識西元前一世紀左右的埃及，才開始鮮明起來。最有名的例子莫過於埃及艷后，尤其好萊塢巨片《埃及艷后》讓克麗奧佩特拉（Κλεοπτρα Φιλοπτωρ）這名字揚名國際，更讓大家對這文明感到好奇。和金字塔造型一樣烏黑油亮的髮型、深邃的五官、蛇形的眼線描繪，都加深了她整體造型的神秘感，當然這並不完全是電影公司所虛構，而是將在金字塔壁畫中所描繪的圖像造型加以包裝成的。

西元1400～1599年間，西方進入了文藝復興時期，人們已不再像過去狂熱於宗教藝術，而是更加的奢侈華麗，用羽毛、珍珠等飾品來裝飾頭髮的造型。西元1600～1799年間從巴洛克、洛可可藝術到浪漫主義時代，裝飾品不再只是裝飾，更是一種宣示財富、權勢的象徵，人們開始在頭上加裝自製的假髮包，來做更誇張的造型。這也就是之後到了西元1800～1999年盤髮技術的發展起源。

透過中國鄭和下西洋的海上絲路聯繫，中西方算是正式有了一個

《維納斯和戰神》波提且利 1483～1486年 畫板、蛋彩 69╳173 公分　倫郭，國家畫廊

交流的管道。礙於民族風情的不同，有關服裝線條、彩妝、頭飾、盤髮技巧等等雖然不盡相同，但大致上的原理其實是一樣的。例如清代的髮髻、鞋子、三吋金蓮和西方女性穿高跟鞋有異曲同工之妙，目的都是讓女性走起路來搖曳生姿。

在中國的美髮簡史中，從古代的束髮、紮髮、髮辮逐漸演變有冠巾、紮巾、冠帽等等裝飾品。春秋時期有墮馬髻，三國時期有蟬鬢，魏晉有靈蛇髻，南朝有飛天髻；而在唐朝時，髮型樣式繁多，化妝也十分講究；宋元明朝時期有頭戴顧姑，清朝有滿、漢朝兩種髮型；而近代的中國受西方影響甚多，流行女性剪短髮、男性西裝頭。

縱觀中外簡單的髮型簡史，從形式上可以看出，人類髮型由長髮披肩演進用攏、束、扭、編等各種方式達到美感；髮質的紋理是由直髮變彎曲，由彎曲髮再拉直；髮型造型則由簡到繁，在由繁到簡，循環反覆的流行。

在以頭髮造型的技術來說，西元1100～1199年，是以植物的根、莖、花而製成染髮劑；西元1200～1399年受教會影響，演變成有捲髮、髮條、編髮的設計。而在髮型技術上有它嚴格的工作程序性，而髮型技術也不是一成不變的，繁瑣的電熱燙被冷燙取代，捲髮器替代了指推技法。最優先發明燙髮技術的民族是埃及，而羅馬人則以加熱方式做髮型，直至

《拉瓦西矣及妻子肖像》大衛 1788年 畫布、286×224公分 紐約，洛克菲勒醫學研究中心

周昉《簪花仕女圖》（局部）遼寧省博物館

13

西元1906年發明了「熱式燙髮機器」，經過不斷改良成「電導熱式燙髮」；西元1938~1940年美國則是採用利用化學原理的「冷燙」技術，而這技術直到西元1950年才被臺灣普遍使用，西元1970年最為盛行。

還有，消失多年的鉗燙，原先鉗燙是利用爐火加溫，現在則是可以利用電力使工具保持一定的溫度，並可以調節自己想要的溫度，稱為熱塑燙，一樣可以製造同樣的效果，甚至比原先的鉗燙更加來的有型。雖然簡化了工程，但使用的技法卻依然如固。這充分說明無論髮型如何發展，其技術性依然是相似的存在。

利用削刀剪出的造型，在60～70年代非常盛行。進入80年代後，利用削刀削髮的技術仍然興盛，且與剪刀並用，並發展出更多的短髮造型，革新近二十年的俏麗髮型變化，讓女性造型更加有變化性。

近代，由於國際性的髮型大賽不斷的舉行，各國髮型師頻頻互訪交流，加強了國際間技術的合作，也加快了美髮造型訊息的傳播。同時在髮型的構成上，由原來的點、線、面、輪廓的構成，擴大為髮

《約瑟，法老糧倉的預言者》勞倫斯·阿爾馬-泰德馬 1874年 畫布、33╳43.1公分 私人收藏

《阿諾菲尼夫婦》范艾克　1434年
油彩、木板 81.8×59.7 公分 倫敦，
國立肖像館

《蘇珊·富曼像》（局部）彼得·保
羅·魯斯本　1622～1625年 木板、油
彩 79×54公分 倫敦，國家畫廊

色、型狀、紋理等理論。另外，髮色的運用，以染色、漂染、挑染出各種色彩的技術，也同時成為在做美髮造型時重要的組成。

隨著現代科學的進步，科技成果也不斷進入美髮領域。微電腦燙髮機、護髮機、髮質檢測儀等等的廣泛應用，使美髮更具有科學性。由電燙髮到冷燙髮的轉換，還有冷燙劑的出現，一代接著一代隨著科技的進步不斷的將美髮技術往未知的道路延伸。

總體來說，從人類歷史來看，裝飾外表可說是人類的天性，即始一開始是為了保護身體，我們依舊不忘要加上裝飾品讓自己更美。當然我們也知道所有的學習都是由模仿開始，從最初人類為了必須要在叢林裡生存，學會偽裝自己，身上披上動物皮草、樹葉，模仿自己是動物、模仿自己是樹林中的一部分，進而降低獵物的戒心以達成目的。這也是後來的數百、數千年裡「流行」一詞的發展，模仿宗教人物、貴族、知名人物、電影明星…等等，若說沒有模仿就不會有流行一點也不為過，你說是吧？

所有的流行時尚，其實和世紀中期所蓬勃發展的各藝術派系，是息息相關的，所有美的概念皆深受其影響。一個好的造型，若沒有基本的藝術涵養，相信它不會是最美的。

混亂的年代　前篇

10

年代

20世紀初的這個年代，正值中古（5～15世紀）與現代交替的時期，在這個矛盾期，我們必須分成兩個階段來敘述它，在這裡便以世界大戰為其區分。

1914年奧匈帝國皇儲斐迪南前往波士尼亞首府訪問時，被民族主義者刺殺身亡，加上歐洲列強的經濟利益衝突，為日後的大戰埋下種子。

1915年世界大戰爆發，最終法國戰敗，被迫割地求和。美國陸軍上將小喬治史密斯巴頓，在美方加入世界大戰後，組了一隻坦克軍隊，他因戰爭期間表現突出，獲「美國第一坦克兵」的美譽。

所以，10年代可以說是個黑暗戰亂的時期。但越是這樣的局勢下，人心就越是渴望能被撫慰，在這樣的時代背景下，當時歐洲盛行的芭蕾舞劇團，不論是髮型、服裝、彩妝、飾品等等，都是當時最流行的裝扮。

芭蕾舞團，可謂為一個流行時尚風潮的先驅，一切的髮妝、服飾設計幾乎可說都是為芭蕾舞團而生的。

再加上舞團以巴黎為首做巡迴演出，因此，時尚設計在巴黎發跡變化相當快速，巴黎也因此成為了時尚的指標都市。

不規則的盤髮技巧，將全部的髮絲收整在頭頂上，搭配浪漫微捲的波浪捲度和華麗的髮飾，互相呼應，而成為10年代完美的華麗宮廷的服飾造型。

造型技術
當代首創燙髮機

　　熱式燙髮機，俗稱電導線燙髮，以電器的熱力為主，使頭髮捲曲。它是在1906年左右由美髮師卡爾·內斯勒所設計的。當初卡爾·內斯勒先生以妻子的頭髮做為實驗品，在多方嘗試，甚至燙傷了妻子的頭髮及頭皮後，最後他利用了氫氧化物和金屬棒做結合，將它們用勾子勾在樹形裝飾燈上，透過通電發熱的方法，成功來燙頭髮讓捲度出現。新式的電熱燙髮機體積可說非常龐大，燙髮者至少須頭頂一頂、重達700公克的金屬髮夾，並枯坐六小時以上，來完成造型，但仕女名媛仍趨之若鶩。

　　燙髮的雛形出現了，但技術上捲度仍無法定型。後來，因為膠體化學之父「格雷姆」發明了膠體化學，於是髮膠誕生了，讓燙髮後的捲度更為持久。

　　而更初期的燙髮塑型，是由燙衣服的原理所發展，當時人們燙衣服時，熨斗的構造是下面有一個盒子，可放入木炭，以高溫讓衣服平整；所以，同理應用於頭髮塑型，使用木炭加熱，再放入燙髮工具，利用受熱後的工具燙髮。

　　很多資料顯示，最早應用燙髮的民族是在埃及，他們會將自己的頭髮捲緊在樹藤之上，

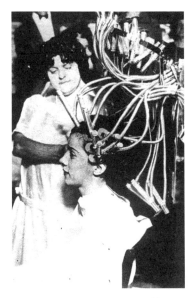

髮之革命——正在使用燙髮機燙髮的婦女。

早期燙髮工具，馬塞爾燙（Marcel Iron）。

接著利用當地的泥漿塗滿並覆蓋，隨著太陽光的日曬，而擁有一頭波浪的髮型。一直到1906年左右，出現了以電氣的熱力為主，使頭髮捲曲的工具──由美髮師卡爾‧內斯勒所發明的電導線燙髮機。

由此可見，我們知道最早期的燙髮，是以太陽熱度改變頭髮的結構，至於古代的燙髮藥水是何種成份，截至目前為止還無從求證。從一開始很簡單的加熱燙髮技術，慢慢演進到現今的冷燙與熱塑燙，除了燙髮技術的進化之外，還有燙髮藥水科技的進步。為求能降低更多對頭髮與頭皮的傷害性，以及更多樣化的燙髮技巧，由於燙髮利於創造各式各樣的髮型，因此燙髮可

1 一位自戀的男子，其頭上佈滿著捲髮紙，看起來就像是一些正在生長的角，可看出西方早期的整髮情形。

2 描繪有著典型特徵的瑞士理髮師，正為女主人整理頭髮。

3 一位黑人小孩正在擺弄一些奇特的、具有象徵意義的東方玩物，是阿克特翁鹿頭人身的塑像。

《流行婚姻：伯爵夫人早起》 霍加斯 1744年 畫布、油彩 68.5╳89公分 倫敦-國家畫廊。

說是美髮的這塊專業領域上的一大發明。

在《伯爵夫人早起》這一幅畫中，霍加斯展示了一系列的人物，他用一種微妙的諷刺方法刻畫他們。此畫中這位成為伯爵夫人的富商之女，正無所顧忌地，連早晨的梳妝打扮也敢當著眾賓客和情人們面前公開進行的情節，更可看出早期整髮、造型的操作情形。

◆ 馬塞爾燙（Marcel Iron）◆

準備可以固定頭髮捲度的藥水，要讓頭髮捲曲，使之呈現更為捲曲與持久，就可開始準備燙髮。

1 從右側的頭部開始，頭髮分份約3～4公分，不可太厚，因為這會影響捲度，讓捲度不平均。

右手拿著鐵棒向內，左手抓著頭髮。

右手拿著鐵棒，以垂直的方向，開始第一個捲曲，從靠近耳朵開始，但不要太靠近頭皮。

2 要讓頭髮保持幾秒鐘在鐵棒上，這樣才能獲得捲度。持續這個動作一直到整款髮型完成。

3 在捲髮時，操作時要注意統一距離，捲度不能有大有小，以第一個捲度做為第二個捲度的指南，所以鐵棒放置的位置很重要。

4 此時的頭髮，就已完成燙髮的操作，試著將全部的頭髮盤繞集中在頭頂，就成為風靡10年代的髮型。

年代技術
歐萊雅染髮的誕生

早在西元前的原始人時期，人們便懂得利用植物中的自然色素，幫助改變髮色或是點綴彩繪身軀。

第一個安全的商用染髮色素，是1907年法國的化學家史威拉（Schueller）發明的，後來的染髮名牌萊雅（L'Oreal）便是他創立的。史威拉從某種植物中，萃取的色料，為後代發明染髮劑提供了可能性。後來，他為了他的第一個發明申辦了專利，並將它取名為歐萊雅（loreal）；loreal這個來源於希臘語「opea」象徵著美的名詞。

要選什麼染髮顏色，才會襯托自己的膚色？頭髮的顏色，對於改變膚色的視覺效果，是不容忽視的。不同的膚色，當然會有適合的髮色，基本原理如下：皮膚較為白皙，可以選擇的顏色較為廣泛，不論是冷色系或暖色系皆可以嘗試；膚色偏黃或偏黑者，和健康的小麥古銅色，則比較適合暖色系。當然在流行的話題裡面，亞洲也曾經風靡過冷色調的亞麻色，但和膚色真正能適合的人畢竟有限，大多數的消費者會盲目跟隨流行，所以認識自己適合的髮色，絕對是必要的。

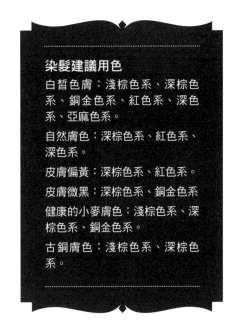

染髮建議用色

白皙色膚：淺棕色系、深棕色系、銅金色系、紅色系、深色系、亞麻色系。

自然膚色：深棕色系、紅色系、深色系。

皮膚偏黃：深棕色系、紅色系。

皮膚微黑：深棕色系、銅金色系

健康的小麥膚色：淺棕色系、深棕色系、銅金色系。

古銅膚色：淺棕色系、深棕色系。

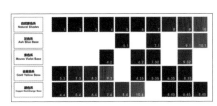

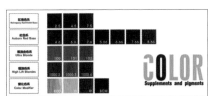

染髮色卡。

10年代髮型特色

當時流行用頭巾包著頭髮，沒有頭巾包的女人，就將頭髮盤繞成造型。戰爭期間的人們，都是包頭巾或是盤頭，男士們則多以飛行帽或船形帽裝飾。

當時，用來支撐帽子與髮型的是相當牢固的底座髮髻，是由婦女或他們的傭人，蒐集剪下來的頭髮或梳髮時自然落下的頭髮做成的。除了使用框架以外，婦女也使用了額外捲毛，並且小波浪編結填補在頭髮空處的自然人造髮片。

上流社會的名流淑女們，為了在晚會中彰顯自己崇高的地位，在帽子裝飾上更是不得馬虎，裝飾品越是稀有、珍貴性越高，就越能代表自己崇高的地位，因此羽毛成了加高的最佳裝飾品。也有人將羽毛向前垂放，目的是讓對方在靠近自己時，防止羽毛的碰觸而與自己保持距離，這也是在替自己塑造一種神聖不可侵犯的形象。

除了羽毛的裝飾之外，能夠顯示財富的非髮釵莫屬了，貴族們喜愛在髮釵上鑲上各種珠寶，髮釵的材質從最早的青銅發展到後來的金、銀，變化非常多。像這樣的頭部裝飾物在當時是多麼的盛行！

人造髮片；此為當時倫敦首屈一指的購物街（攝政街）上的廣告，足以顯示出當時仕女們的流行。

如圖片中的頭部裝飾，我們可以了解到，帽子對他們而言，幾乎不只是裝飾品，更是令歐洲人感到驕傲的藝術品

　　而提到帽子，我們就不得不提到可可・香奈兒（Coco Chanel），香奈兒是這股潮流下的經典品牌之一，約在10年代後期發跡，全盛期在1920年代。

名畫中的帽子：根茲巴羅帽

《令人尊敬的格雷厄姆夫人》1775～1777年 畫布、油彩 235╳153 公分 愛丁堡，蘇格蘭國家畫。

根茲巴羅帽因18世紀的英國肖像畫中常出現而得名，亦稱作肖像帽；帽簷寬大而優雅，且通常一邊向上蹺起，並飾以羽毛。

《令人尊敬的格雷厄夫人》這幅畫上的服裝、帽子，都顯示了根茲巴羅精細而成熟的精湛繪畫技巧。畫中刻意突顯衣著上的華麗，年輕漂亮的格雷厄姆夫人，頭上不僅戴著精緻而華美的羽毛帽子，身上還穿著有縐摺邊的乳白色上衣和粉紅色縐摺邊的絲綢裙，可看出當時的帽子與服裝重要性；髮型在此款畫中，除了前額的髮絲被全部往後梳理，有部分的髮絲自然工整的落在頸部，形成華麗高貴感，以表示她的身分地位。

《薩拉·西登斯夫人》中的薩拉·西登斯是英國有名的悲劇演員，愛看戲劇的根茲巴羅，讓西登斯夫人穿上自認為最漂亮的服裝，展現最美的一面，尤其是她那頂帽子和膝蓋上的毛皮披肩，華麗而不失優美，整體的氣氛更加性感。帽子上的裝飾不是只有羽毛，還有一個黑色蝴蝶結，搭配兩個不同捲度的假髮，以呈現她那威嚴而迷人的個性。

《清晨漫步》是根茲巴羅著名的肖像畫之一，畫中人物是威廉·哈利特及他的夫人伊麗

《薩拉・西登斯夫人》根茲巴羅
1783～1785 畫布、油彩 125×100 公分
倫敦-國家畫廊。

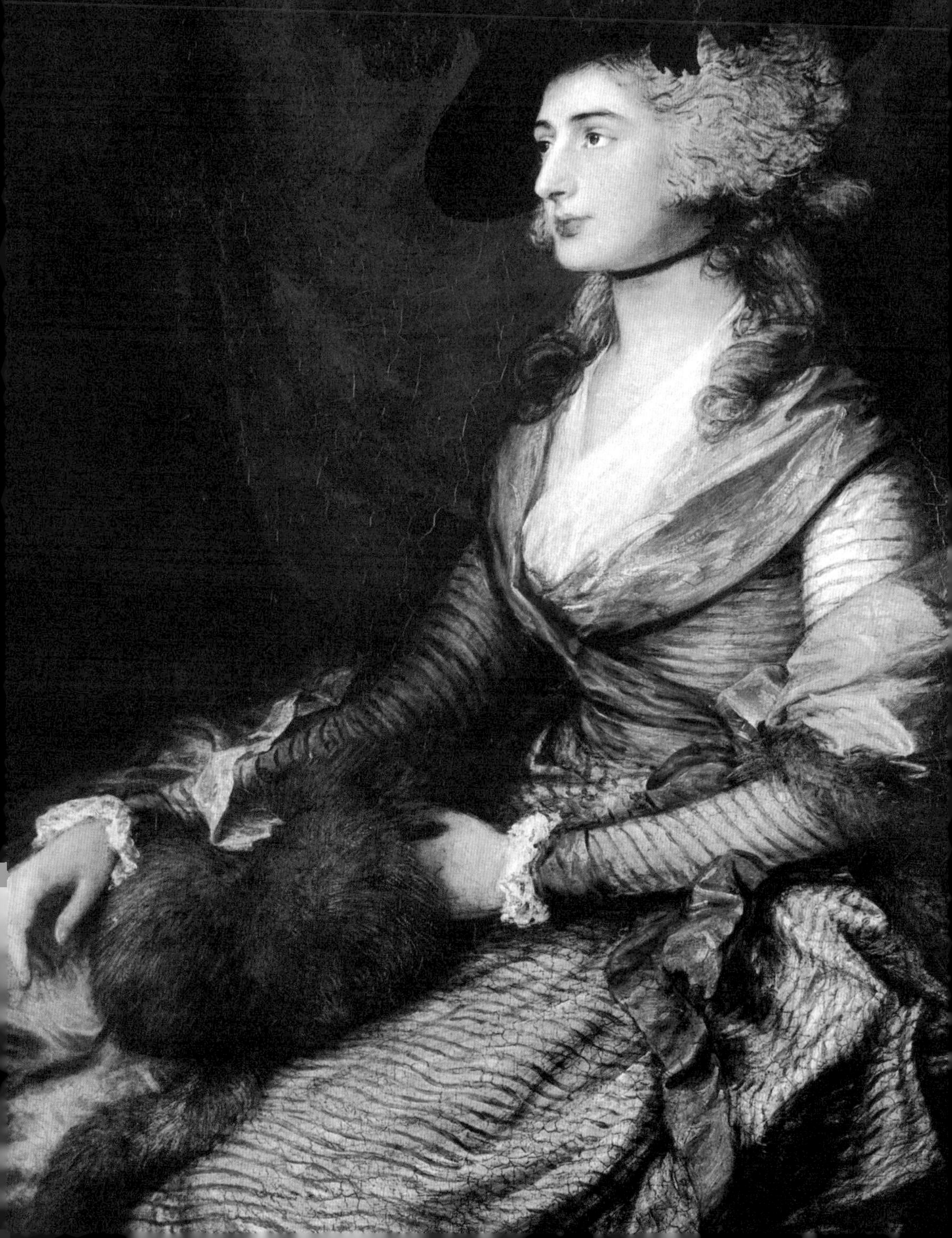

《清晨漫步》根茲巴羅，1785年，
畫布、油彩，263×176 cm，倫敦-國
家畫廊

1910年代時尚仕女，《Les Mode》
1907年2月號。

莎白。整幅畫色彩和諧、詩情畫意，畫面上的服裝與帽子，還有兩夫妻誇張的假髮，以及白色毛狗，如同羽毛一樣輕盈。帽子上的裝飾，依然是羽毛與蝴蝶結的搭配。這年代的女性，對帽子的喜愛程度是不可小覷的，很多名畫中的女性，除了華麗服飾之外，頭上都會頂著一頂大而華麗的帽子，且裝飾物都是羽毛、蝴蝶結居多，如根茲巴羅的《藍衣淑女》、《謝菲爾德夫人》名畫中，女性頭上都戴著一頂帽子，羽毛與蝴蝶結變成了女性的註冊商標。

戰前的華麗盤髮：愛德華七世風

愛德華七世時期，西元1901～1910年，我們稱之「失落的黃金時期」（The Lost Golden Age）。在當時扭曲的社會時代背景中，上層社會過著奢侈的生活，每天充滿派對及宴會，身著華麗服裝，享受著美食與美酒，過著俱樂部式的社交與生活模式。這段時期愛德華七世主導了上流社會的一切，只要任何一點點錯誤的行為，便馬上從派對或宴會名單中剔除，自此無法參與任何社交活動，甚至從此無法在社交生活圈中立足。曾經有一名年輕女子因不慎犯錯，她的名字就從此不曾出現在宴會名單中，也因此喪失了良好婚姻的機會。

「雷雅夫人」費加洛流行服飾，1903年。

「拉瓦利埃小姐」費加洛流行服飾，1903。

這一時代的歐美流行服飾呈現S形，束腹加上大帽，是當時貴族的裝扮，展現出女性美好的身材。

博爾第尼所繪的西斯夫人肖像。

愛德華時期的18歲年輕女性，將頭髮挽髻便表示可以結婚出嫁，正式進入愛德華七世時代的上流社會（Edwardian High Society）。但要進入之前，必須先學習不少才藝，還有各種語言及禮儀。為方便撐起龐大而華麗的帽子，便將頭髮挽起或填入假髮，這也在很多畫作裡面可以發現。因為大家都想成為道地的貴婦，而想成為貴婦都是以奢侈風尚的帽子為重要指標。

整個愛德華七世時期，不論是在色彩上的表現或是裝飾性的突顯，都以女性的帽子做為主題。女帽一定要大且奢華，才足以表現愛德華七世時期的華麗的柔性風格。以羽毛、花朵、緞帶、蕾絲來裝飾帽子，如同美麗的裙襬；服裝上，為兩件式設計，最常見的必要元素，有膨脹的羊腿袖、細腰帶的搭配以及簡潔多片裙襬的組合。

上衣部分以骨架撐起緊身上衣，使女性上半身有足夠的支撐力與S身型，胸前的垂墜式蕾絲與布料抓皺的服裝設計，是要強調低胸線，腰部則繫上腰帶以強調腰身；裙襬則以拖曳式的長裙風格深受有錢貴婦喜愛，原因有二，其一代表她們的階級，其二表示她們很有錢可以請僕人服侍自己。

除了帽子是重要的配件之外，陽傘、手套、圍巾、小型包包，都是愛德華七世時期重

博爾第尼所繪的寇琳‧坎貝爾女士肖像。

一群身穿Paul Poiret所設計的衣服的模特兒，
《Lillastration》1910年7月9日。

要的配件。洋傘是夏天的必備品，且一定都是蕾絲為主要材質；手套是不論夏天、冬天，只要外出時都會配戴；圍巾也都是羽毛或是動物的毛皮所製，表示自身的奢華及身分地位；包包是以金屬材質與珠飾為主；帽子的發展更為驚人，帽子的尺寸是逐年寬大，為顯示自己的身分地位是最高層的人士。

混合異國風情的設計

波西米亞其實是東歐地區的一個地名，指頹廢派的文化人與豪邁的吉普賽人。在波西米亞這塊充滿東歐的隨性風格及浪漫頹廢的流浪風格的土地，他們在服裝上最常出現的元素，有流蘇、編織與刺繡、還有披掛及多層次的搭配穿法。崇尚並且追求自由精神的波西米亞，很不可思議的與近代的民族風融合起來，延燒至今仍不退燒。

波西米亞風披掛的配飾，在身體上任何能披掛首飾的部位都不會放過，除了手腕、頸部、耳朵、手指、腰際，還有手臂、腳踝、指尖，任何你看的到的位置，都不會輕易留白，且一定都配戴很多飾品、配件。別人的配戴是一串飾品，披掛著細細的配件，但是，波西米亞風就是要比別人多佩戴三串飾品，比別人披掛更粗的配件，

由Laferriere所設計的晚宴裝。《Les Modes》1912，10月

融合波西米亞風的婚紗。

波西米亞風的髮型。

顯示波西米亞對自由精神的追求。

　　波西米亞風運用在髮型上，最重要的特徵有三：其一，波西米亞風的頭帶，是不可或缺的髮飾之一。將頭髮自然披下肩膀，或是簡單的挽個髮髻、編個辮子，不用複雜的造型設計，再將充滿波西米亞風的頭帶綁在頭上，便可以輕鬆打造出波西米亞風格的髮型。簡單的或是編織的緞帶，都是有波西米亞風的頭帶。而個性化的波西米亞風頭帶，之後演變成兩層式的髮箍，到後期還加上了羽毛與彩色串珠的元素。

　　其二，擁有一頭隨性的自然捲髮，是不可或缺的特色之一。這樣的簡單髮型，隨性卻不隨便，最能詮釋東歐地區波西米亞風的浪漫風情。擁有一頭很有彈性的捲髮，看起來更加自然，符合波西米亞講究自然不拘的精神，將頭髮自然的披散，再加上一些麻花辮子，以及彩色串珠的搭配裝飾，而髮梢的自然捲度，使整體髮型線條更有柔順感而不生硬。

　　其三，波西米亞風編髮，是不可或缺的元素之一。波西米亞風的編髮不是將所有頭髮編織起來，而是挑一小撮頭髮編織成髮箍在額間，也可以在頭髮左右兩邊各編一條麻花辮子，或是只做單邊的編辮，亦或者是綁個簡單高髻編辮，更能流露出東歐地區的波西米亞浪漫風情。

混亂的年代　後篇

10年代

巴黎戰後展新裝，裙子長度大為減短，可說是劃時代的解放設計。

《亂世佳人》劇照。劇中女主角的髮型盤起，於戰爭時方便整理。波紋有如小花一般。

10年代末期，戰爭的爆發，讓過去喜愛將頭髮高高盤起，再戴上高貴典雅帽飾的女士們，紛紛將這樣繁雜的步驟，簡略成了一頭俏麗短髮。

這起源於美國女權主義作家夏洛特‧帕金氏‧吉爾曼（Charlotte Parkins Gilman）在1910年代發表女人應該剪掉長髮的理論，鼓吹獨立女性應該這麼做，因為清爽的短髮代表的是乾淨、快樂和自信。

但長髮是女性，短髮是男性這樣的觀念在早已深植人心，吉爾曼在當時的保守社會，引起了不小的爭議。即便如此，她一生仍然強調男人和女人之間的平等關係。

隱身帽中的簡易盤髮：小花卉紋

雖然當時短髮是風潮，但對於貴族們而言，女性的長髮是標誌，也是神聖不可侵犯的，這倒是和東方「身體髮膚受之父母，不可損傷也」的觀念相似。

為了成功將一頭秀髮整理乾淨，還要能戴上帽子，盤髮這項基底是否漂亮穩固，成了相當重要的課題。

小花卉紋取其意，盤起像是小花朵一樣的紋路，這樣的波紋，即為日後指推髮型的雛形。

前線的優雅聖母：聖母頭

　　綜合以上，在短髮以及技術的發明相輔相成之下，髮型的變化變得有趣而且多樣化。

　　戰爭期間婦女紛紛投入前線擔任護士的工作，在現實考量下，她們剪去了頭髮，但為了讓沙場上的士兵們有美好的印象，她們便採用聖母形象的短捲髮，做為優雅形象的裝飾。

短髮也是時尚：艾琳頭

　　著名的雙人舞組合，弗農·卡索爾以及艾琳·卡索爾，女舞者艾琳本留著一頭亮麗的長髮，當時她將長髮剪去，以俏麗短髮示人時，短短一周就有上百個年輕女子效仿，剪一樣的髮型，之後更陸續倍增，因此這款髮型便以她為名，稱為艾琳頭。

　　此風氣讓短髮不再是女工的專利，轉變為流行時尚。

當時戰爭期間，許多婦女投入前線擔任護士婦女們把頭髮剪短，並且燙捲，效仿聖母的髮型，想給士兵們一種類似宗教的撫慰。

Extreme Flexibility

1914彼得·魯賓遜的緊身內衣目錄插圖。此圖中以雙人舞者來呈現內衣的彈性及自由度，更可從圖中看到女模兒的髮型也是一頭俏麗的短髮。

人的頭髮有多細？

頭髮的粗細也是有生命週期，一般頭髮越粗越硬，越細就越軟，主要會因個人或部位而有所差異。另外，頭髮之粗細也會隨著年齡而變化，人類從新生兒的胎毛開始，經過最盛期的粗髮之後（據說男20歲，女25歲左右），過了最盛期到達老年期時，隨著年齡增加而逐漸變細。

頭髮的粗細也有物理化學上的原因。如果過多的燙髮或染髮，也會造成髮質上的破壞而變細。

頭髮的粗細取決於，毛囊的直徑和形狀與頭髮中的角質比例。毛囊的直徑越小，頭髮就越細。頭髮的粗細可以從0.05～0.18公釐，如果超過0.1公釐的頭髮，歸類為較粗的頭髮。頭髮粗細的差別是，例：在一樣的頭皮面積上，生長同樣的髮量，但是頭髮密度濃的人，看起來就比較粗，頭髮感覺就比較多。在相同的髮量下，頭髮細的人，就會感覺頭髮少，頭皮清晰可見。

因為頭髮也會反映身體狀況的，當生病或身體體質較差時，也可能造成頭髮變細，營養不夠供給頭髮，也會影響到頭髮粗細。所以，頭髮有多細，會因身體生理狀態，或隨著年齡變化，與外在的物理化學作用而有所影響跟改變；同時，種族及先天條件的不同，也可能會造成粗細的變化。

10年代後期流行趨勢

1915年後世界大戰爆發，在這段黑暗的戰爭時期，外在的裝扮可以說沒有1914年以前來的重要。在這個時期的女性，多用凡士林塗抹在眼皮，而捨棄其它過於鮮艷的色彩，由於當時仍處黑白攝影階段，凡士林塗抹於眼皮上，油油亮亮的，照起相來能構成一種輪廓深邃的效果，另外傳說將凡士林塗抹在睫毛根部，還有增長睫毛的作用。

戰爭時期並沒有太多時間整理外在，因此都盡可能的低調簡單，凡士林的發明，正符合了這樣的需求。戰爭期間為了方便整理，所以採用帽子做為裝飾，除此之外，在階級區分嚴屬的歐洲，沒有錢的一般百姓便將頭髮剪短，以方便整理，一方面也是共同的哀悼和宣告戰爭的解脫，這也奠定了日後女性俏麗的形象。

1919年第一次世界大戰後，民生物資較為缺乏，香奈兒克服這樣的困境，利用內衣的布料設計服裝，又將以往繁雜的大蓬裙，改為剪裁簡單齊膝的裙子，以方便工作，結果大受歡迎，在20年代達到高峰，截至目前為止，她時尚女王的地位依然屹立不搖。

年代知名人物代表

莉莉安‧吉施

　　出生約在1910年，戰前多演出舞台劇，戰後則多飾演反映戰爭中，為國家犧牲奉獻的女性角色。

　　由這款髮型的側面，可看出貼在臉頰上，一前一後的波紋，這樣的波紋就是指推髮型，它可以讓女性的臉型增加柔媚的風采，由此圖可發現，指推波紋在此時期已漸漸有了雛型。

由此圖可發現，指推髮型在此已慢慢有了雛型。

鄧肯：現代舞蹈家

　　鄧肯，由於生長環境使然，造就了她獨立自主的性格，她的一生一直致力於女性解放主義以及現代舞的推廣。

　　她的出現為舞蹈開創了新藝術的趨勢，創造出融合古代希臘古典音樂、戲劇、雕塑藝術的一種全新的舞蹈，稱為現代舞。這為後起之秀奠定了相當好的基礎。但她在一次的意外中身亡。由於作風前衛大膽，也是現代舞的創始者，意外身亡更加奠定了她是10年代重要傳奇人物的身分。

　　照片中，簡單隨意的將全部頭髮挽上頭頂，再加上髮帶的裝飾，完全可表現出藝術家的前衛與浪漫風情。

舞蹈家朵拉‧鄧肯。

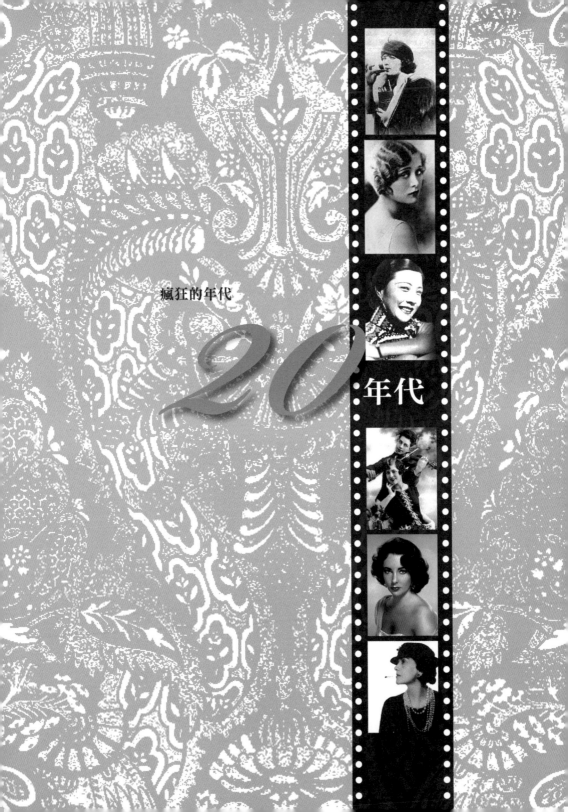

瘋狂的年代

20 年代

1918年世界大戰後，人們渴望著安逸的生活，開啟了靡爛奢華的社會風氣。

自1920年後，把握當下的生活態度，讓過去被束縛的女性如脫疆的馬兒一般，瘋狂的沉迷玩樂之中。

此時電視機的發明和電影興起，更加速了資訊傳播的腳步，第一部有聲電影（美國華納兄弟電影公司拍攝的《爵士樂歌手》，阿爾-喬爾森主演），開啟了好萊塢電影的發展。

可惜的是，這榮景只維持了短短的五年，就因為股市的大崩盤，加上二次大戰的來臨而迅速瓦解。

當時不停歇的夜生活，彷彿是為了抗議過去那個戰爭的年代，抽煙、避孕等看似離經叛道的種種行為，在當時見怪不怪，除此之外，他們瘋狂的跳舞、抽煙，生活的不正常加上刻意的節食，直到削瘦如骨才是美觀，這股風潮在60年代再一次的捲土重來，並延續至今日21世紀初，舞台上模特兒的骨感美仍是主流。像在2006年11月，年僅21歲的巴西模特兒安娜‧卡羅琳娜‧雷斯頓逝世，她身高170公分，但體重不足40公斤。

20年代美國政府為了改善風氣，發佈了禁酒法令，舉凡製造、販售甚至運輸酒精量超過

20年代，美國實施實禁酒令，酒商皮利用書本，鑲嵌四個小瓶子，讓消費者能偷偷帶酒。

USE A LITTLE
WINE FOR THY
STOMACH'S SAKE
I TIMOTHY 5ᵗʰ CHAPTER 13ᵗʰ VERSE

0.5%以上的飲料，都算違法。這也激發了酒商的創意，他們在書本封皮上，鑲嵌四個小瓶子，裡面可裝少量的烈酒，讓消費者可以偷偷帶著酒「吞嚥四口」。照片中的女子，剪起較好行動的短髮，頭髮再稍微燙捲，讓整個髮型看起來更有造型，不至於太單調，捲度的紋理與簡單的帽子，形成一種俏麗的結合。甚至有反對禁酒的花車在街頭上遊行，花車上的標語

圖為反對禁酒法的遊行花車，因為當時的潮流，電影與電視的帶動，女性紛紛效仿電影或電視上的人物，跟著戴起簡單又不失優雅的帽子，頂著一頭短捲髮在街上遊走，在當時是一股流行的潮流。

寫著引用聖經的一句話：「為了你的胃口，可以稍微喝點酒。」

造型技術
強調眼妝的開始：捲睫毛器、假睫毛的發明

捲睫毛器的發明，讓20年代的女性妝容，皆以強調眼妝為主，若再加上假睫毛，更是讓眼睛的魅力發揮到淋漓盡致。

睫毛的風潮從20年代揭開序幕，歷久不衰，我想這是在20年代所始料未及的。從前人們只注重艷麗的紅唇，再怎麼樣都一定要擦上艷紅的唇膏。經過近百年之後，對睫毛的重視漸漸地浮上檯面，大家開始會在睫毛上著墨，追求雙眼的誇張化、深邃感，同時也因為流行的風潮，便延伸出搭配假睫毛。

捲睫毛器就是我們所稱呼的「睫毛夾」。現在的女性在化妝時，都必定會夾翹睫毛和刷上睫毛膏，甚至黏貼假睫毛。睫毛的重要性，比起唇膏，有過之而無不及。漂亮的睫毛，可以讓眼睛看起來更大，使雙眼顯得更加的深邃。

21世紀時，發展出很多不同種類的睫毛夾，有手動型和電動型，甚至是加熱型，而不

被稱為「默片銀幕女神」的桃樂絲‧卡絲特洛。此階段的女性髮型流行指推波浪髮，整齊凹凸有致服貼在臉龐，髮型上強調的是俐落的短髮造型，所以，骨子裡為保有的那份女性柔媚氣質，便發展在妝容上，以圓如杏的眼影加上細眉，並特別強調腮紅。

管哪種形式的捲睫毛器，目的都是一樣。用睫毛夾不僅可讓睫毛捲翹又迷人，又能防止睫毛膏弄黑下眼皮。可是，使用睫毛夾時，要注意力道與方法，否則容易折斷或拔起睫毛，也會不慎夾到眼皮。

睫毛膏是塗抹在睫毛上的化妝品，主要目的是要讓睫毛濃密、捲翹、纖長，或是加深睫毛的顏色。

睫毛膏包含刷子，及可收納刷子的管子兩大部分，刷子大致可分彎曲型、直立型兩種；在材質方面上，可分膏狀、液狀與霜狀，但多數以膏狀為主軸。以往是在重要場合時，才會使用睫毛膏，而現今因為成分的改進，以及價格上的普及化和流行風潮，已逐漸成為化妝必要的程序之一，講必要或許還不足以形容它的地位呢！

西元1913年，美國化學家威廉士（Thomas. L. Williams），為了自己的妹妹所發明的睫毛膏，是將凡士林與碳粉混合而成的濃稠液體，塗抹在睫毛上，使眼睛有變大的錯覺。西元1917年，經過其改良後，便開始正式上市。

早期睫毛膏的材質跟後來的配方雖然

現在市場上常見的睫毛夾大致可分三種，依照材質分類如下：

1.普通睫毛夾：一般最常見的睫毛夾，有金屬質地、塑膠材質，一般而言金屬質地的比較好用，最重要的是橡皮墊的選擇。

2.電動睫毛夾：就是需要電力預熱，會使睫毛自動達到自然彎捲，有點像是電棒的原理，快捷方便，效果持久，沒有疼痛感；不過使用時要小心，不要燙到眼皮。

3.局部睫毛夾：非常小巧，特別適合眼頭、眼尾不容易夾到的睫毛。

◆ 常見假睫毛 ◆

整排式：

依據假睫毛的分佈，可細分為交叉型、濃密自然型、根根分明型。

1.交叉型→讓睫毛根部看起來更加濃密，但比起根根分明型的睫毛，交叉型的睫毛有營造交錯濃密的效果，可使效果更加自然一點。

2.濃密自然型→局部加濃密的特點，適用於舞台表演造型或是誇張的妝容。

3.根根分明型→通常是以直線型，一根根分布均勻，戴起來感覺自然，帶點娃娃感。

分段式：

將假睫毛剪成數段，分別貼黏。因為有些人的眼睛比較圓，弧度又大，分段貼黏的效果最佳；唯一缺點是要多花點時間貼黏。

單束式或單根式：

有些人不喜歡假睫毛那種假假的感覺，可是又覺得自己的睫毛不夠長、不夠密，就會在眼尾或局部地方貼黏幾根，營造出飛翹的美麗睫毛，這是最自然的戴假睫毛方式；如想要效果更明顯一點，就不適合此種方式。

不一樣，但功能仍舊一樣，都是利用著色的原理，讓睫毛有伸展效果，藉由睫毛膏的上色，進而突顯眼睛的明亮。而睫毛膏附有的刷子，除了將睫毛膏塗上睫毛之外，也兼具可以把睫毛梳整齊的功能。當然，刷睫毛再加上假睫毛，對於眼神的魅力更有加強效果，能更突顯眼睛的美麗了！

20年代美麗盛宴

這時的女性多希望像男孩一樣的灑脫，因為當時仍盛行大男人主義，其實女孩們心裡想成為男孩般，希望能夠擁有自己的自主權。

服裝上，受到來自新藝術及世界大戰後的社會變革，女性拋開了過去束縛的裝扮，在香奈兒的設計下，找尋到了前所未有的解放快感，她將女性的束腹卸下，改以不強調腰身，不強調曲線為主的長線條。

她這麼做的理念，只是為了追求心中那個實用、簡單的終極目的，再加上當時的男孩風氣盛行，因此，便將女男孩的形象推向最巔峰。

20年代可說是個充滿活力的年代，女性不只把裙子變得更短了，也開始把頭髮剪短，呈現男孩風。

從雜誌、宣傳海報中，顯示出女性的流行已不再強調腰身、曲線，且裙子的長度。

20年代，多數女性皆留起齊耳短髮，不限定直髮或捲髮，當時燙髮風潮還未大流行，所以留著本身自有的捲度。

穿著及膝洋裝及腳踝襪和瑪莉珍鞋的小女孩。

典型的20年代樣式，是像少年一樣的少女，充滿活力。從那縮短的裙子長度、簡潔利落的直線造型，可看出女性求自由的心情。

齊耳短髮風潮

第一次世界大戰時期，女性們為了方便打理，而將頭髮齊耳剪掉，卻引發了髮型革命浪潮。這種髮型，在當時被認定是反傳統的行為，傳教士宣稱「剪齊耳短髮的女人是可恥的」，因剪髮被解僱的例子很多，但社會的否定和非議，並不能阻止女人追求解放與自由。隨著女性主義慢慢抬頭，剪短髮，塗黑眼妝，用緊實的胸罩束縛乳房的「男孩」形象大為風行。

當時無聲電影明星Louise Brooks以黑鋼盔

Louise Brooks簡單的齊耳短髮，有點像後來的鮑勃頭，頭髮直線紋理，簡單又好整理；齊眉瀏海，讓五官更立體；齊耳短髮，使視線延伸至嘴唇上，塗上紅唇，更加迷人。

20年代流行的帽子是緊小的，突顯頭部輪廓。

頭扮演露露角色，大受歡迎，因此帶動了這一波的短髮風潮，很多女性爭相模仿，但在這一個時期，這種髮型並沒有系統式的名稱。真正為這一款髮型命名，已經是三十年後了。

指推波浪髮

延續戰時的包頭巾式髮型，20年代新流行的帽子是緊小的，突顯頭部輪廓，比起過去的包頭巾式髮型，新流行的帽子更加輕巧方便。

她們喜歡將帽子壓得低低的，只露出一點點的瀏海及兩頰的髮片，做臉部的修飾，所以瀏海就成了她們可以大做文章的重點。

20年代的女性，多將原自然捲的波度，再用技法加深其輪廓線，在瀏海做大波浪的設計，成了當時的流行重點之一，稱為「指推」，不論東西方都蔚為風潮。

所謂指推髮型並不是以燙髮技術造就出來的髮型，而是造型技術，就猶如吹風造型技術和梳編髮造型技術一般，遇到水或洗頭之後就會恢復成原本的髮型。

它需要利用大量的髮膠進行塑型，而且需要在捲髮的條件之下，才容易成型。所以，最好頭髮條件是有燙過的頭髮或是本身有自然捲，塑造出來的指推髮型，會更加漂亮、服貼。

指推波紋髮型的波紋大小有各種變化，可以是大波紋或是小波紋，如此圖就是小波紋的指推髮型代表，一樣是凹凸有致，但波紋卻是很緊密相連，所以視覺上，就比大波浪的波紋活潑。

這髮型以手指與髮梳交替,將髮型梳出波紋的形狀,並塗抹髮膠在頭髮上,幫助波紋保留它的形狀。

而指推髮型能維持的天數,以目前現代人的生活習慣、衛生條件而言,大約二～三天,超過三天以上可能就會開始覺得頭皮發癢,甚至可能會出現奇怪味道。

目前比較常見到此技術的地方,是在考試和比賽會場上,畢竟它不是主流的技術,但卻是養成技術美學必備的基礎。這點可由指推波浪是台灣美髮女子乙級的考題,看出它的重要性,除此之外,髮型設計師也會在一些新娘、晚宴的造型上,做局部指推波浪的效果。

指推髮型在20年代的上海非常風行,如圖中的上海著名演員阮玲玉,就是當時東方的流行指標之一。此款髮型偏愛梳得油亮光滑,並將前額髮線梳成特定曲線角度。

照片中女子的指推髮型非常典雅。

著名演員阮玲玉。

年代知名人物代表
可可‧香奈兒

1883年8月19日，可可‧香奈兒出生在法國羅亞爾河畔一個騎兵部隊衛戍區的沙穆爾鎮。

香奈兒出身困苦，12歲時母親過世，香奈兒被迫住進孤兒院，在孤兒院裡學到縫紉技術。

她早期以設計帽子和服飾為起家，她設計的作品，一反當時隆重繁複的流行趨勢，看起來簡單、俐落、素雅、前衛，卻不怪異。當時正處於戰亂的年代，這樣的服裝條件，正符合當時的現實要求。

1924年，推出以她名字為名的香水，COCO Chanel NO.5，成為第一個以設計師為名的香水，此時更將CHANEL的影響力推向極致。

據說這瓶黃金般液體的香水，也是瑪麗蓮夢露睡覺時唯一「穿」的東西。

成名晉升上流社會之後，她的豪宅經常是名流社交的場所，包括現代畫派巨擘畢卡索、超現實主義大師達利、芭蕾名家狄亞格列

香奈兒的一頭齊耳短髮，簡單的燙成大捲髮，大方的捲度線條，再搭上自己設計的小而簡單帽子，展現出如同她的設計理念「簡潔、高雅、實用」。香奈兒認為性別平等很重要，但是女性特質絕不可少。

夫等，都曾是她的座上賓。二次大戰可可‧香奈兒因為與德國納粹軍官來往甚密，被迫離開巴黎。

　　戰後她再次回到巴黎捲土重來，以美容沙龍重新奠定她的地位，超越服裝品牌的意涵，成為時代的象徵。香奈兒夫人在20年代創造簡單而經典的黑色小禮服和小黑衫，至今屹立不搖，西元2009年，電影公司將他的故事拍成電影，供世人了解她的時尚奮鬥史。

克拉拉‧包爾

　　時裝史上稱之為「女男孩」時期是在20年代，這個具有男孩特徵的女性形象，其實是好萊塢電影製造出來的。

　　克拉拉‧包爾（Clara Bow）在電影《It》中，塑造了一個「女男孩」典型的形象，短髮紅唇，風靡一時，TOM BOY一詞也是當時創造出來對於這樣女男孩形象的稱呼。

克拉拉‧包爾。

柯琳‧摩兒

　　柯琳‧摩兒（Colleen Moore）是美國電影默片時代巨星，也是最時髦的明星，以一頭齊耳短髮，以及生氣蓬勃的形象著稱。

　　西元1917年，經由舅舅介紹，她正式進入影壇，演出《壞男孩》；剛開始是在B級片與西部片擔任主角，到了西元1922年，

柯琳・摩兒。

《Forsaking All Others》、《The Ninety and Nine》這兩部戲，逐漸吸引了民眾的注意，受到大家的矚目，且在西元1923年，以《火焰青年》（Flaming Youth）竄紅，成為一線女星，從此便深受到影迷愛戴。

西元1927年，《她的野燕麥》這部戲，讓她成為全美國票房最成功的女星，也使她的名氣扶搖直上，週薪曾達到最高一萬兩千五佰美元，之後成功跨入有聲時代。

到了西元1934年，《The Scarlett Letter》是她最後一部戲，西元1935年正式退出影壇，但由於柯琳・摩兒是一位精明的投資者，善於投資的她，即使退出影壇仍然很富有，過著優渥生活，直至她得到癌症，享年87歲。

桃樂絲・卡絲特洛

桃樂絲・卡絲特洛（Dolores Costello）是美國人，也是愛爾蘭後裔，以精緻優雅的金髮美貌著名，被稱為「默片銀幕女神」。

西元1909年，桃樂絲・卡絲特洛與她的妹妹海倫，一起在改編莎士比亞的《仲夏夜之夢》中亮相，正式成為Vitagraph電影公司的童星；西元1926年，她演出《海野獸》是根據赫爾曼・梅爾維爾（Herman Melville）的小說《白鯨》改編，秀麗的金髮碧眼美女因此成為

知名的電影明星，並與華納簽約，且獲得「默
片銀幕女神」的封號。也因為她的名氣帶動20
年代的指推波紋造型，讓20年代的髮型演變
為兩大流行：一是齊耳短髮，二是指推波紋髮
型。

　　桃樂絲‧卡絲特洛死於肺氣腫，享年76歲。
她去世前不久，同意接受採訪，將她的電影生涯
拍成紀錄片，獻給好萊塢。

桃樂絲‧卡絲特洛

◆ 髮量究竟多少才算正常？ ◆

「一個人，約有10萬根的頭髮。」這是我們最常在相關文獻及資訊上看到的頭髮數量。但那是以西方人的標準來衡量的，2002年萬芳醫院的一篇報告指出，五十位正常人當中，每平方公分約有137.08根頭髮（參考Dermatol Surg.2002,28（6）:500-3）。

撇開禿頭或掉髮問題，頭髮的數量是取決於毛囊數量。髮量的多寡也會與人種、髮色或是生理健康狀況等等有關。

此外毛囊數量是先天決定的，在出生之後，不會再有新生的毛囊，也代表在我們出生後的髮量，不會再增加，只會隨著年紀增長而緩慢的減少；如果出現雄性禿的掉髮，就會加快髮量減少的速度。

先前也提到髮量會因人種不同而有所差異，黑人頭髮，約9萬根；白人頭髮，約11～14萬根；黃種人則有7～12萬根頭髮。

而頭髮的生長速度每個月大約1～1.5公分，但不會無止盡地生長，時間一到，髮幹就會脫落，所以大多數人的頭髮，最多只能長到1公尺左右；男生頭髮的生長週期約二～四年，女生約三～六年。

詭變的年代

30 年代

經過了20年代的經濟大崩盤後，緊接著20年代末到30年代初期又面臨另一波更大的經濟危機。第二次世界大戰的隱憂，以及經濟大蕭條都在這短短的十年之間發生，稱它為詭變的年代，其實一點都不為過。

由於第一次世界大戰中，德國戰敗，德國新的領導者希特勒為了洗刷戰敗者的奇恥大辱，一直不斷的在為下一波的戰爭作準備，這為第二次的戰爭爆發埋下了種子。第二次大戰於1939年爆發，一直至1945年日本長崎的一枚原子彈，讓日本無條件投降後，正式畫下句點。

越是在不安定的社會風氣，人心越是渴望獲得安慰，因此在此一時期的美國電影，幾乎成了載歌載舞的歌舞片年代，有聲劇取代了默劇。

人類的資訊發展到了這個年代，也有更進一步演變，流行音樂排行榜（美國Billboard雜誌首創）、原子筆、施樂複印機、家用電冰箱（美國通用電氣公司發明）、電腦、立體聲錄音機都在這個時期發明了。

這個時期，女孩們已經厭煩了過去女男孩的時期，再度追求典雅的風格，優雅苗條的曲線才是時尚。舞蹈依舊是主導流行時尚的主力，由

歐美採用皮草製作高級服飾始於1900年，因流行趨勢，於1930時，常見仕女使用皮草製的披肩、圍巾及護手套。

白色狐狸毛做成的手套和圍巾，與黑色天鵝絨上衣及鼬鼠毛的滾邊，在在顯示出權貴的象徵。

於舞衣多是暴露背部及肩膀，所以禦寒的配備意外成了流行的裝飾品，當時流行以皮草作為披肩，甚至直接披著一隻銀狐。當時的女性們覺得這不只是時尚，更是權貴的展現。

造型技術

燙髮技術的演進

之前的熱式燙髮機，俗稱電導線燙髮，以電器的熱力為主，使頭髮捲曲。它是在1906年左右由理髮師卡爾·內斯勒所設計的新式電熱燙髮機，體積可說非常龐大。由於「The permanent-waving machine」（燙髮機）的開發，讓女性在髮型上，出現了「燙髮」的髮型款式。燙髮技術發展至60～70年代時，可說是最為興盛，幾乎所有女孩子，不管大人小孩，都習慣燙著一頭捲髮。一般燙髮可分熱燙、冷燙與熱塑燙三種類別。

熱燙

1906年後，延燒幾十年的時間，由理髮師卡爾·內斯勒先生所發明，透過通電發熱的方法，成功讓頭髮出現捲度。經後人改良後，50～60年代在台灣各個美髮沙龍裡看到的，是用含石灰成份的粉紅色藥粉包，沾水後達到加熱的效果。這就是在1932年，所出現一種不需

Peggy Fears 在《Lottery Lovers》中圍著一條皮草製的圍巾。

再倚賴電導器或機器的燙髮技術——「熱燙」的發明。「燙」顧名思義，就是需要在燙髮過程中加入熱效應。熱源來自一種用水濕潤過的化學礦石，以藥包的型態出現，它一旦與水接觸，便會瞬間產生120度C高溫，以破壞毛髮角質及二硫化鍵，達到捲髮的效果。

當時女性最時髦的髮型款式，就是經由熱燙之後所形成的短髮，而且還特別強調「捲曲而僵硬」的造型。

利用儀器或藥包加熱頭髮的都俗稱「熱燙」；此燙髮的優點是快速成型，通常從燙髮開始到整個燙髮過程結束，只需一個小時；缺點就是，操作過程含鹼量太高又有高熱的危險性，容易傷髮質，捲度可變化的選擇性較少。所以隨著時代的演進，它已經漸漸地被冷燙和熱塑燙所取代。

熱燙的步驟如下：頭髮要先吹乾，先在頭髮沾上熱燙用的藥水，要捲頭髮前，先套上膠墊片，預防頭皮被燙傷，然後把熱燙器具套上，用鋼製的髮捲，把頭髮捲起來並捲緊，再把粉紅色藥粉包沾點水，夾在捲好的頭髮上。因為藥粉包跟水起化學作用，不到半分鐘就會冒出蒸氣，需視個人髮質，來評估何時該把石

以瑪莉安・黛維絲為封面的電影海報。

這是1930年代熱燙時期，會使用的熱燙工具。由左至右，由上而下：

加熱藥包、固定髮片用的夾子、保護頭皮的塑膠套、熱燙藥水、夾住加熱藥包的夾子、不同尺寸大小的髮捲。

灰包拿掉。

冷燙

　　因上述的熱燙具有一定的危險性及缺點，1934年斯比基曼氏，以毛髮和羊毛氈做實驗，發現硫代甘醇酸的鹼性溶液，可以還原角質中的二硫化鍵，為還原劑，也就是現在我們稱的第一劑。這有效讓頭髮產生酸化作用，讓二硫化鍵再度結合，而達到使頭髮捲曲的效果，後來稱之為冷燙。因為此燙髮方式，因不須倚靠任何熱能故稱之為「冷燙」。1938年，首先在美國被採用，40年代最為普及，50年代才傳至東方，70年代為最鼎盛的時期。

　　冷燙和熱燙最大的區別，在於冷燙不用高溫加熱，主要是靠燙髮藥水達到捲曲效果，而現在冷燙的應用比熱燙更多樣化。

　　冷燙的步驟如下：剛好跟熱燙的過程相反。冷燙是依據頭髮長度與要求的捲度，選擇所需的髮捲大小和形狀。冷燙時，頭髮先噴濕，捲上適合的髮捲，髮捲上完後，先塗上第一劑藥水改變頭髮的鏈鍵組織，一般所需的時間，約停留十五分鐘左右；依照髮質好壞與所需的捲度，停留的時間會有所不同，待達到所需要的捲度時，接著再上第二劑藥水固定頭髮捲度的新鏈鍵組織，停留時間約十～十五分鐘；時間到了之後，拆掉髮

這是冷燙時期，會使用的冷燙工具。圖片中有，為了包住髮片的冷燙紙，還有固定髮捲用的橡皮筋，以及大大小小的冷燙捲。

30年代流行的燙髮捲度之一。

捲，將藥水沖洗掉，再潤絲一下就完成了。

但是，就冷燙而言，影響燙髮時間的因素不是頭髮的長度，而是髮質。受損的髮質，所需的時間會短些；健康的髮質所需的時間會較長，所以在做燙髮設計時，更要注意技術和髮質判斷。冷燙的優點是髮型變化多，對於很多紋理的設計皆能滿足，從細小波紋，像70年代的「阿福羅頭」、「黑人頭」、「爆炸頭」或「非洲頭」，這些捲到不能再捲的髮型；到80年代的「黛安娜王妃頭」，這種需要彈性的髮型；以及緊接著21世紀後的日式風潮，所帶動的大波浪式的紋理，冷燙技巧皆可以協助達成。

這是玉米鬚燙時所使用的工具，除了燙髮時可使用以外，平時也能以此工具作造型，此工具有很多不同的形狀板子可替換選擇。

熱塑燙

以熱燙和冷燙過程交互作用的原理，是亞洲很重要的發明。熱塑燙一般用在直髮和大波浪捲度時，用於直髮時，就是從90年代流行至今的離子燙。到21世紀，它又被加上很多新名詞，比如說「矯正燙」、「無重力燙」等。此外因為加熱板的形狀改變，又創造出「玉米鬚燙」的風潮；而另外一波更大的風潮，就是運用熱塑燙所製造出來的大波浪的捲度。

熱塑燙的步驟如下：熱塑燙時，最重要的是髮質判斷，再決定是在濕髮還是乾髮上，

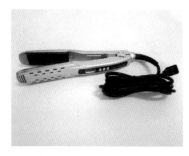

這是離子燙時所使用的工具，除了燙髮時可使用以外，也可做造型。

以熱塑燙所呈現出的捲髮。

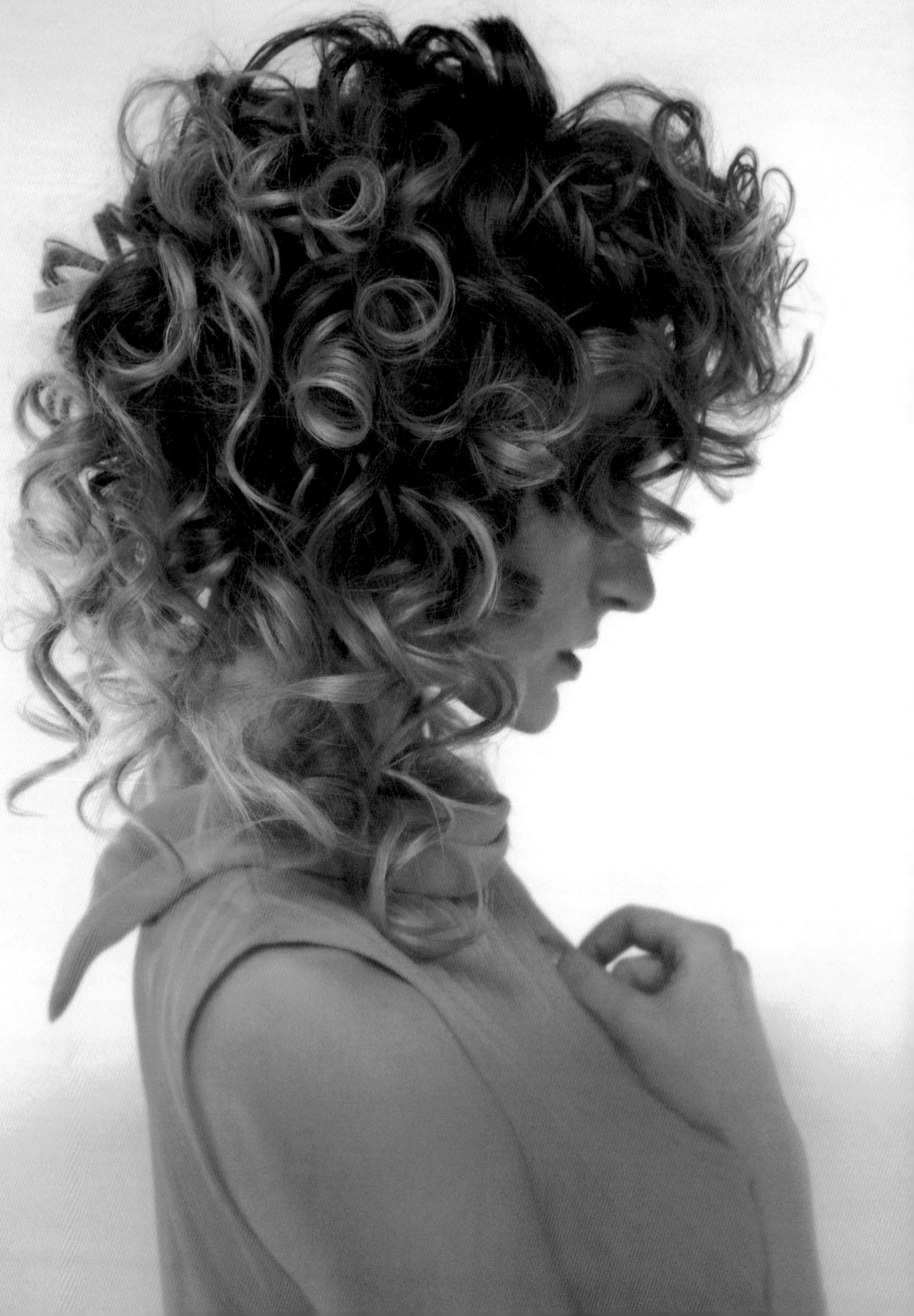

塗抹第一劑藥水。塗抹完第一劑藥水後，待頭髮的鏈鍵組織改變，這就是俗稱的「軟化」，一般所需的時間，約停留五～三十分鐘左右；依照髮質好壞與所需的捲度，停留的時間會有所不同，待達到所需要的軟化時，沖淨藥水，再上熱塑機器，以加熱原理塑型成直髮或捲髮，再使用第二劑藥水固定頭髮捲度的新鏈鍵組織，停留時間約十～十五分鐘；時間到了之後，將藥水沖洗掉，再潤絲一下就完成。熱塑燙的優點是對於髮型的紋理效果，比冷燙更明顯；其缺點是變化比較少，比較傷髮質。

熱塑燙的捲髮像洋娃娃一般可愛。

各式熱塑機

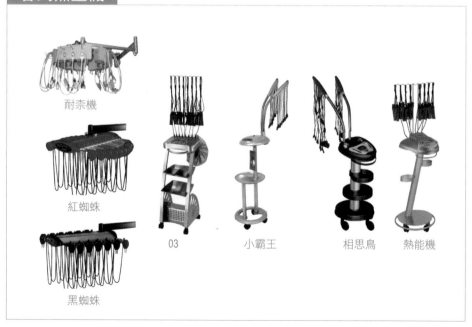

耐奈機

紅蜘蛛

黑蜘蛛

03

小霸王

相思鳥　熱能機

◆吹整機器的發明 ◆

吹風機的演變，由30年代早期的鋁合金製吹風機，到70年代的塑膠製吹風機，在80年代又誕生了照燈，可烘乾頭髮塑造捲度，而21世紀初又加了熱風罩的設備，可協助讓捲髮的造型更容易被塑造出來。

鋁製吹風機及塑膠製吹風機。

照燈。

熱風罩。

除了小型的吹風機，更可在沙龍及理髮店中看到專業用的吹整機器，像是大吹機器及美髮器。

此圖是1940年代的大吹機器，用於烘乾頭髮，流傳至今仍有很多美髮沙龍店家繼續使用。

此圖是1980年代的美髮機，用於烘乾頭髮。

30年代美麗盛宴

　　受到美國電影工業的影響，女性美的定義又
產生了改變，變得更加成熟、嫵媚、性感。這種
形象取代了過去女穿男裝的風潮。因此越能強調
曲線的流線型剪裁，越是受到女性的青睞，如此
的婀娜多姿，成了30年代女性的完美服裝形貌。

　　帽子和手套也是重要的配件之一，在設計的歷
史上，這個時期的帽子裝飾算是最複雜的，為了屈
就帽子而變化的髮型，以包頭為主，整理乾淨的髮
髻，搭配漂亮的帽子是最時尚最典雅的象徵。

瑪蓮娜・迪特里茜（Malene Dietrich）於
《慾望》這部浪漫愛情片中飾演一名珠寶竊
賊，所以在圖片中，可以看到她的胸前以及手
腕上，都有見到珠寶配件在她的服裝上，為表
示她是擁有高尚品味的人；最引人注目的是她
的帽子，延續10年代的羽毛帽子造型，在簡單
的帽子上加上誇張的白色羽毛裝飾，使她在劇
中更能營造角色的味道。這時代的女星往往在
髮型上沒有太多複雜的造型，只是簡單的頭髮
挽起，以利戴上典雅的帽子。

在《俄宮艷使》中的葛麗泰・嘉寶，以一
頭簡單又自然的中長髮，髮尾吹成微彎狀，再
戴上簡易的帽子，詮釋她在這部戲的角色——
女特使；而她頭上的帽子就是後來俗稱的「畫
家帽」、「藝術帽」。

葛麗泰・嘉寶在《瑪塔・哈里》中所飾演
的瑪塔・哈里，是一位異國的舞蹈演員（脫衣舞
女），而她的東印度舞蹈更獲得廣大的迴響。

從圖片中，我們可以很清楚看到她頭頂戴
著一頂非常精緻的珠寶帽，手指上戴著寶石戒
指，帽子鑲上不少黃金與寶石，亮眼的耳環，
精緻的髮飾，以及服裝上的條紋，珠光寶氣的
樣子，更顯示她的性感，充滿印度風的造型。

葛麗泰・嘉寶與梅爾文・道格拉斯
於《俄宮艷使》。

葛麗泰·嘉寶於《瑪塔·哈里》
（Mata Hari）中的劇照。

葛麗泰‧嘉寶於《神秘的女人》
(The mysterious lady)中的劇照。

葛麗泰‧嘉寶與雅克‧費代爾於
《安娜‧克里斯蒂》的劇照。

年代知名代表人物

葛麗泰‧嘉寶（Greta Garbo）

原名為格麗泰‧洛‧薩格斯塔夫森，1905年9月18日出生於瑞典。一個原本默默無聞的百貨公司帽飾銷售員，在因緣際會下得到了一次當模特兒的機會，隨後又在公司的穿針引線下，獲得電影中一個小配角角色，初試啼聲。也因為這樣的曝光機會，而被瑞典電影公司相中，演出電影《流浪漢彼得》。但真正讓她大紅大紫的，不是這部電影，而是後來的《古斯塔柏林傳奇》。

至此她的演藝之路大開，第一部好萊塢電影《激流》，上映後，很快就打破票房紀錄，以當時來說，她的出現帶給了美國人不同於以往的異國情調。就連喜劇大師卓別林，也曾經高度評價嘉寶的演技，她還四次獲得奧斯卡獎，在電影史上，她的地位更是無人能取代。

金色風暴：珍‧哈露（Jean Harlow）

延續20年代的細眉、長睫毛，在這個時期的女性，不再像過去如此強調女男孩的形象，反倒過來追求女性的嫵媚、性感美，所以在唇色的部分，相較過去的10年代，更顯得飽滿、紅潤。為了加強眼部輪廓，過去的大煙燻妝，

在這個時期轉變為假雙眼皮的畫法，是為了加強眼睛的深邃感。

　　1930至1936年，性感一詞的代言人就是珍‧哈露。她一直是好萊塢的主角，一頭招牌的金色長髮是風靡當時的金字招牌，與她性感的形象幾乎是畫上等號，而這樣的形象風靡了整個美國。但並不是人人都能夠擁有像她一樣的純金髮，所以染髮的風氣在這個時期算是一個開端。

英國影壇最美的女人：永遠的亂世佳人費雯麗

　　費雯麗（Vivien Leigh，西元1913年～1967年）是影壇中被譽為最美麗的女星之一，嬌小而玲瓏的身段，優美而典雅的氣質，完美又立體的五官，尤其是她那對綠色眼眸，總是可以緊緊吸引住大家的視線。她不僅僅是長得美艷，同時擁有一身精湛的演技，雖然她的一生只有演過八部影片，但每一部皆是經典的影片，包括西元1937年的《英倫浩劫》、西元1939年的《亂世佳人》、西元1940年的《魂斷藍橋》、西元1941年的《漢彌頓夫人》、西元1945年的《凱撒和克利奧派特拉》（凱薩大帝和埃及豔后的故事）、西元1948年的《安娜‧卡列尼娜》、西元1951年的《慾望號街車》、西元1965年的《愚人船》。

　　西元1939年的《亂世佳人》是世界影史最

好萊塢性感女神珍‧哈露，年僅26歲就因尿毒症而香消玉殞。

受歡迎的電影，截至目前仍在各個國家地區流行不輟，真是一代經典佳作。也因為她的演技與美貌，還有她那強烈的個人風格，讓她所詮釋的郝思嘉，成為最有名的女性角色，同時奠定了她的影壇名氣與地位，自此費雯麗便與郝思嘉畫上等號，沒有任何人可以取代她所飾演的角色。

後來，在她30歲出頭，被診斷出有躁鬱症及肺結核，並且還導致精神分裂症；外表冷靜的她，其實內心的感情世界非常豐富、細膩、敏感，一連串的身心及病痛的煎熬，折磨她二十幾年，於西元1967年驟逝，年僅53歲。而她《亂世佳人》中不朽的形象永遠留在人們心中，儘管她所留下的電影作品並不多，但部部都是經典的作品，讓後世享受她那讚嘆的演技，以及驚艷的絕世美麗。

費雯麗的經典髮型，是帶點大波浪捲的中長髮，擁有貓樣的高傲及嫵媚感，溫柔中透露著剛毅；經典的大波浪，自然而隨意的傾瀉繞轉，讓整齊、精緻的頭髮垂落肩頭，呈現一股古典及優雅韻味；前額的瀏海，三七旁分線或是斜瀏海，讓順暢的大波浪捲髮，從耳邊傾斜到另一邊的肩膀，除了有復古感還增添不少時尚感，所以，這也是讓費雯麗的髮型潮流不

《亂世佳人》劇照，圖為劇中女主角少女時期的髮型。

退的原因之一。頭髮的髮稍要夠整齊，不要有太多的層次感，頭髮的捲髮看起來才會豐盈；但如果一頭捲髮卻是毛燥的髮質，那美麗的分數一定大打折扣，髮質的光澤度也很重要，有健康的光澤，才會讓捲度更加飽滿，更有風情韻味。在當時有不少的明星，會把頭髮挽起，在頭頂後腦勺處高高鼓起，讓整個髮型很有精神。她們會讓髮髻挽在頭頂處，然後將下方的頭髮夾捲或是加假髮，增加髮量，讓後腦的頭髮有飽滿感。

知名童星：秀蘭‧鄧波兒（Shirley Temple）

30年代被譽為「天使」的天才童星秀蘭‧鄧波兒（Shirley Temple），造就了電影史上一個特殊年代的傳奇。即使大半個世紀走過，人們到如今依然稱她為「天使」。她所演出的電影作品將近有四十多部，雖然在40年代曾退出銀幕，但到60年代又再度復出。

西元1932年，秀蘭‧鄧波兒首次演出《紅髮阿利比》，大獲成功。之後，西元1935年，因為《新群芳大會》、《小安琪》、《小情人》、《可憐的小富家女》等影片中的出色演技，讓她獲得第7屆奧斯卡特別金像獎，成為史上第一個獲得奧斯卡獎的小孩。從西元1932年到1939年，她成為美國兒童們所崇拜的偶

一頭小波浪捲的短頭髮，再戴上蝴蝶結的髮圈，甜美的笑容，猶如可愛的小天使。

像，很多小朋友都喜歡效仿她的造型，一頭小波浪捲的短頭髮，再戴上蝴蝶結的髮圈，甜美的笑容，類邱比特天使造型，猶如可愛的小天使，同時也是大人們心目中的寵兒，是有史以來最受歡迎的兒童演員，固曾稱之「大眾小情人」。

秀蘭·鄧波兒所拍攝的電影宣傳劇照、文宣。

當時，30年代的美國正遭遇經濟危機，秀蘭·鄧波兒的出現，給美國人帶來不少甜蜜的安慰，許多人是看著她的電影長大的，即使她長大了，依舊是美國人心中永遠的小天使。

瑪琳·黛德麗

德裔美國演員兼歌手的瑪琳·黛德麗（Malene Dietrich），於西元1923年第一次演出默片電影《小拿破崙》，一直到西元1930年才開始事業起飛。當年她在依據德國作家的小說《垃圾教授》為藍本改編的電影《藍色天使》中飾演羅拉一角，演唱了其中的歌曲「我從頭到腳為愛而生」而紅遍全球。

此後，到西元1955年之前，是她最輝煌的一段時期，接著便開始走下坡。電影《大騙局》的嶄新形象，挽救了她絕境的事業。電影中的她，改變以往讓人不可接近的女神形象，成為為了自己的命運而奮鬥，以低沉沙啞的嗓音，唱著歌曲的酒吧女郎；她也因為她的歌

聲而更加出名，儘管她本人並不滿意自己的歌聲，她最有名的歌曲是「莉莉瑪蓮」、「花兒都在何方」。

　　瑪蓮娜在西元1975年，在一次登台演出中受傷，從此結束舞台的生涯；西元1979年，她以坐輪椅的方式完成這部電影《漂亮的小白臉，可憐的小白臉》，這也是她最後一次現身；西元1992年逝世於巴黎，官方說明死因是心臟問題與腎衰竭，但她的秘書認為真正死因是服用過量的安眠藥，結束自己生命。

　　瑪琳‧黛德麗在西元1955年之前的造型，是將秀髮染成金髮，一頭齊肩波浪捲的中長髮，前額是斜邊的瀏海；一直到在電影《大騙局》中的男裝女穿造型，造成當時不小的轟動及影響，許多女性紛紛跟進這樣的造型，可說是在好萊塢男裝女穿的先鋒人物。一頭短短的波浪捲髮，頭戴一頂高高的紳士帽子，把原先一頭中長髮，往頸部向內挽起髮尾，打造一頭看似短髮的造型，渾然就是一位英國紳士。

瑪琳‧黛德麗。

◆一天要掉多少頭髮才正常？◆

以正常人而言，頭髮掉落是非常正常的生理現象。但是現代人可能因為生活上的無形壓力跟情緒，或者是生活作息及飲食方面的不正常等等，再加上年齡增加，都會增加到掉髮的數量。

根據專業醫師的説法，一天掉落50～100根頭髮是正常的。一般人約有10萬根左右的頭髮，根據生長週期下，每天大約會掉落50～100根的頭髮，這是目前毛髮專家們所提出最有共識的數據，但其實這並沒有足夠的科學證明，這些是否為正確的數值。

每一根頭髮都是各自獨立的生命體，但它不會一直持續生長，每一根頭髮都有一定的周期，每根頭髮周期大約五年，當它到休止期就會自行掉髮，但同時也會持續生長頭髮。

所謂生長週期，指的是毛囊有三個成長階段，會使頭髮生長，然後停止變長，最後舊的頭髮會脫落，同時長出新的頭髮。以正常人來説，每天到底是掉多少頭髮，就連專家也無法有真正清楚的答案。

那要怎樣才能知道自己一天掉多少頭髮才是正常的呢？在皮膚醫學（Archives of Dermatology）期刊中有提到，科學家宣稱可以在一分鐘內就能知道並預估自己是否有掉髮的問題，這是一種既可以在自己家裡進行檢測，又簡單又具可信度的檢測方法。

（下一頁六十秒自我檢測一下吧！）

六十秒自我檢測：

1. 洗髮前，先梳頭六十秒，從後腦勺往前額方向梳理，找些淺色系的毛巾或是紙板等等收集掉落的毛髮。六十秒的時間，就能夠充分讓梳子梳下原本該掉落的頭髮。

2. 連續三天洗頭髮前，花六十秒時間，使用同一把梳子。

3. 計算掉落的頭髮數跟梳子上的頭髮。

4. 每個月檢測一次，每一次連續三天並記錄結果。

生活中有很多細節是我們不會注意到的，在日常梳頭髮或洗頭髮時，毛髮就會慢慢掉落且持續成長；猶如我們往往不會注意到自己平日的生活習慣是否影響到健康。這生活細節告訴我們，每個習慣和行為，都可能造成自身的影響，任何小小細節都不容輕忽。

不安的年代

40 年代

1947年New Look中所刊登Christian Dior 設計的服飾。

1940年代，正值第二次世界大戰的戰後期，整個歐洲社會仍處在動盪不安的狀態。此時，彩色電視、吉普車、黑膠唱片）……等陸續發明，甚至第一顆原子彈也是在此時發明的，只是當時無法預期到它造成的影響是如此劇烈。

1945年，美軍在日本廣島投下原子彈，截至今日，廣島的後代居民們仍為當時那枚原子彈付出慘痛的代價。所以說，科技的發明為人類帶來了便利，卻也帶來了災難。

造型技術
髮棉形成的蓬髮度

在這個時期，女性喜歡把頭髮瀏海往上梳得蓬蓬的，加上冷燙的捲度，讓燙髮的蓬度取代了帽飾，但光是燙髮的蓬鬆感，還不足以讓她們感到滿足，許多人開始將棉花塞進頭髮裡，加強蓬度。

而棉花也從一開始單純只是塞棉花，到後來她們利用了頭髮捲在一起，形成了像是棉花一樣的球狀物，稱髮棉。

以髮棉做造型的髮型。

◆ 冷燙技術的演進 ◆

冷燙技術在1938年首先在美國被採用，40年代最為普及；50年代才普及至東方；70年代為鼎盛時期，到現在發展成許多燙髮的種類，像髮根、空氣等燙法都是80年代以冷燙再研發、改良的技術。讓我們來了解一下，美髮時設計師建議的燙髮技巧吧。

1.髮根燙

顧名思義，就是在頭髮根部進行燙髮，只有燙頭髮根部區域（約4～5公分）或新生長出來的頭髮，讓它更豎立。現在的髮根燙有很多種燙髮方式，其中以「定位燙」、「髮根扭轉燙」最為常見。

2.空氣燙

又稱「日式飄燙」、「麥穗燙」，還有「編織燙」等奇怪的名稱，其實都是造型師根據燙髮後的效果或燙髮時的手法，依照捲度不同而有不同的命名。空氣燙的捲度呈現像充滿空氣般，十分自然又富有變化，不會像剛燙完後的生硬死板感。採用像海綿一樣有彈性的材質，步驟多用一般冷燙手法，是燙具廠商因應潮流所製造出來的燙具名稱。

3.銀絲燙

把頭髮扭轉成一縷髮絲，先上燙髮藥水後，再包上鋁箔紙，燙後的捲度效果呈一條形的捲度。

4.辮子燙

辮子燙跟銀絲燙的過程是一樣的，燙髮過程很簡單，就是將頭髮編成一束一束的辮子，然後上藥水，燙完後再拆掉辮子就會有捲度，辮子燙的紋理比銀絲燙更為蓬鬆。

辮子燙跟銀絲燙燙出來的效果都是比較特別，可惜缺點是不能修剪，因為一剪掉就會有一些頭髮看起來很毛，且造型也會完全不見，所以建議直接換另一個髮型會比較好看。

5.螺旋燙

傳統的燙髮是將頭髮橫著捲在捲子上，「螺旋燙」則是將頭髮豎直，並以纏繞的方式，捲在髮捲上，以做出螺旋式紋理的捲髮，這種捲髮方式，普遍大量運用在許多捲髮設計上。

冷燙藥水圖。

利用髮根湯所呈現出的造型

利用髮根燙加空氣燙所呈現出的造型。

這不但可以避免過去棉花與頭髮顏色不同的困擾，再加上採用頭髮的質感，讓造型更有整體性。

派對上的宴會，許多女性會在自己的頭髮上做各式各樣的主題造型，從上頁圖片中可以很清楚看出頭髮裡面塞滿不少髮棉在其中，製造其蓬度和塑造形狀。

40年代美麗盛宴

受東方風潮所影響，女性的角色開始趨向於小女人溫柔的形象，這個時期在彩妝上的重點，以不再是過去那樣剛毅的線條，反而是以柔美的曲線大受歡迎。

眉毛的線條，不同於20、30年代的細眉，多描繪成彎彎的自然眉型，豐滿的唇部線條，也是讓女性表現嫵媚的重點妝效之一，整體彩妝顯得更為自然和柔美。

整體來說，這個時期的女人，除了以服裝的裙長表現女性柔美之外，最重要的就是彩妝上的修飾了，其目的是能夠表現自己小女人溫柔婉約的形象。

在服飾方面，由於當時是戰爭時期，各國唯一的共通點就是廢物利用、舊物再用，將舊材料改造成新的用品。織補、針黹的圖案，這

40年代流行的女性妝容。

個時期特別的流行，許多人把舊的羊毛衫重新
織過，式樣自然是V領，因為V領象徵勝利。

　　廢物再利用之舉例，反映了當時民生物資
的缺乏，在服裝上，許多設計師便將這樣的風氣
當成設計元素之一，也就是我們後來稱之「補
丁」的先驅。

　　那時的女性們開始會注意服裝的顏色，並
加以炫耀。在服裝的版型，仍然沒有脫離二次
大戰俐落曲線的樣貌，不過裙子變得有點長，比
較強調臀部曲線。頭上的造型，不再是誇張的帽
子，而是延續了香奈兒的衝擊，女性不再戴上華
麗的帽子，改戴簡單又實用的小帽子。此外，這

這二張圖的髮型是一樣的，都是強調髮尾捲度的短髮捲捲頭，最大特色是分
線的四周頭髮扁塌，和髮尾的捲度形成對比，以製造出俏麗感。

個年代越來越強調鞋子的高度，鞋跟多採用木頭材料或軟木製作，因為這些材料比較廉價。以下的篇幅，將介紹高跟鞋的由來和演變，因為高跟鞋的歷史太具趣味性了。它歷經了五百年的演變，從男人的權貴象徵轉化成女人婀娜多姿的表現。

路易鞋原出自路易十四的法國宮廷，至今仍為設計師沿用。

高跟鞋在15世紀（1401～1500年）被法國宮廷服裝師發明，高跟鞋是為了方便騎馬時，讓雙腳可以扣緊馬鐙的發明。到16世紀末（1501～1600年）高跟鞋成為貴族的時尚流行，據說身材矮小的路易十四，為了讓自己更具權威及自信，因此請鞋匠為他的鞋裝上4吋高的鞋跟，以示其尊貴身分。而17世紀（1601～1700年）高跟鞋成為男女時裝的一個重要元素。

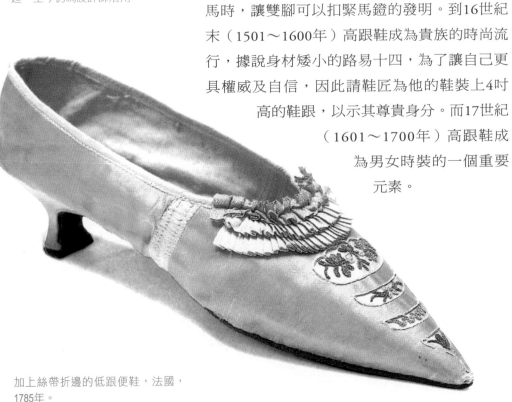

加上絲帶折邊的低跟便鞋，法國，1785年。

17世紀（1601～1700年）高跟鞋通常有3吋高，鞋身非常細長，鞋底與鞋跟連成一體，若你有機會走到17世紀的街上，會發現街上所有人都穿著一樣款式的鞋子，因為當時的造鞋技巧只有一個高跟鞋款式。

18世紀（1701～1800年）：17世紀末起，人們開始嘗試製造細鞋跟，可惜支撐力不足，唯有加寬鞋跟的頂部以連接鞋底，到了18世紀的後期，高跟鞋的高度漸漸降低，取而代之是加上絲帶、蝴蝶結的鞋子。

19世紀（1801～1900年）可愛的瑪莉珍（MaryJane）鞋款首次推出，流行五十年之久，當時的造鞋技術相當成熟，流行不同用料，如緞綢、皮革等等，款式也更加多元化。

T型鞋帶的瑪莉珍鞋。

在17、18世紀的歐洲，紅鞋是地位的象徵，只有特權階級的人能穿。

造型技術
捲管：40年代髮型的基本樣式

捲管（Pin curls）幾乎是40年代髮型的基本樣式，可用髮捲或手指捲（ Finger weaves ）。即使沒有鏡子，女性們也可自己憑感覺捲出整頭或是前面的頭髮。

捲管就是指在頭髮上，捲上髮捲器，在頭髮半濕的狀態下，利用大小不同的髮捲器，依照所需的捲度，將髮絲一一捲在髮捲筒上，之後再烘乾頭髮，將髮捲筒取下，再經由梳理造型即完成。

另一個方法是直接利用手指，取一小撮髮絲，抹上一點髮膠，利用手指依個人所想要的捲度大小做出捲度，再輕輕夾上小髮夾做為暫時固定，待頭髮烘乾後，將小髮夾取下，捲度便自然形成，再加以整理做造型。

我們稱這方法為手指捲，大部分都是運用在前額的頭髮或是在髮際靠近臉龐邊上。

而在上髮捲器時，每束頭髮的分份約2公分，以交錯疊磚的方式排列髮捲，好讓整頭的捲度更加自然，更有層次感以增加頭髮的蓬鬆度。

髮捲器做出來的造型效果，通常比較浪

星現出拉娜，透納性感的美麗捲髮。

1940年代後期的髮捲器，流傳至今仍有很多愛好者繼續使用。

此圖是1940年代的蒸汽機，用於冷燙頭髮與護髮使用，流傳至今仍有很多美髮沙龍店家繼續使用。

漫，大部分想做出大波浪的捲度，都是以髮捲器來做，以手指無法捲出大波浪。

相對地，髮捲器無法做出極小的波浪捲度，頂多只能做出一般小波浪的造型，而手指捲可以利用手指的靈活，不必侷限於髮捲器的原本尺寸，能輕易做出很多捲管，營造嫵媚又性感的前瀏海。

從前頁圖片拉娜‧透納（Lana Turner，1943年）的這一張照片中，我們可以從她前額的頭髮清楚看到，她就是利用手指捲的技術，處理後頭部的頭髮。

首先利用髮捲器大致捲出一定的波浪捲度，再將頭髮全部挽起來到後腦勺位置，讓拉娜‧透納增添不少女性的性感與女人味。

而珍泰妮（Gene Tierney）此款髮型的重點，是在耳朵以上的頭髮，均抹上髮膠，讓髮絲服貼於頭皮，塞在耳際後面。髮尾的捲度可用手指捲或髮捲器，以增加捲度，這也是一款對比式的造型，很適合瓜子臉、小型臉。

珍泰妮的貼耳式燙捲髮增添不少俏麗迷人的風情。

S型瀏海

　　高聳的瀏海，須用大量的髮膠固定，越高越美，成了後來女性爭相追求的目標。

　　當時有很多的女性，著重於瀏海的豐富性，用手指捲或髮捲器，將捲度表現在前額處，越高聳的瀏海，捲度越豐富，紋理越活潑就能獲得越多的眼光聚焦。

左圖：塔露拉·班赫德於《Aroyal Scanda》中的造型。

右圖：蘇姍·弗斯特。

麗塔・海華斯（Rita Hayworth）於《Cover Girl》中的劇照。

齊儂

　　並不是每位女性都有閒錢上理髮店的，所以戴帽子也很盛行，如果連帽子都買不起，不整理頭髮的女性就拿頭巾把頭髮包起來。大頭巾的功能很好，無論髮型如何，甚至一團亂，一包起來都還過得去。把頭髮挽起來，在頭頂上打個大結，一時頭巾也成了流行，有些人在

《梳頭的女人》保羅‧希涅克，1892年，畫布、油彩，巴黎-私人收藏。

戰爭時，養成包頭巾的習慣，還一直保持到戰後。

齊儂（chignon）是將秀髮鬆鬆的捲到後腦打成結，源自經典芭蕾舞女的髮式。梳理方式，只需要將頭髮從前往後梳，在脖子後面結成馬尾，再打個8字形的結，然後用髮夾向下夾緊，結果廣為流行而成風潮，許多的髮髻設計便由此延伸。

而後許多新娘造型或式晚宴造型，都會以這樣的方式做個簡單髮髻，再加上裝飾，就形成一個優雅又古典的髮型。

《城市之舞》雷諾瓦，1883年，畫布、油彩，
180×90 cm，巴黎-奧塞美術館。

年代知名人物代表

半遮面的捲髮風暴：維洛妮卡‧蕾克

維洛妮卡‧蕾克（Veronica Lake，1919～1973）在40年代豔驚好萊塢，以一頭猶抱琵琶半遮面，蓋住右臉的「躲貓貓」髮型，顛倒眾生。這種半遮面的波浪髮，是當時好萊塢最拉風的扮相。曇花一現的維洛妮卡‧蕾克，作為40年代較為稀少的女演員之一，一頭金髮是她的獨特風格。

左圖中的維洛妮卡‧蕾克的髮型，微微的小波浪捲，髮絲往後梳理，再戴上典雅的小圓帽，讓她的女人味更到位，看起來更加溫柔；她身上開著口袋的衣服，也是後來一股補丁式服裝風潮的開始。

由於維洛妮卡‧蕾克留了一頭及腰長髮，大為風行，有些在工廠上班的女工模仿她留了長髮，不慎讓頭髮捲入機器中，而造成傷亡事故，所以美國國防部不得不叫她剪去招牌長髮，以保證生產線的安全。頭髮的樣式要勞動國防部過問，大概也是絕無僅有了！

在好萊塢的電影歷史上，她是位相當特別的明星，因為她是唯一一位靠髮型成名的演員。維洛妮卡‧蕾克那頭Peek-a-boo hair，中

在當時的40年代，圖片中的造型很迷人。

維洛妮卡・蕾克式的半遮面捲曲秀髮，和無懈可擊的
完美妝容。

文意思是躲貓貓髮型，因為有一半的臉幾乎被遮住，所以像在玩躲貓貓似的模樣。40年代以來，不少女性想跟她的一樣擁有一頭美麗的金髮，這種半遮面的波浪髮，風靡整個40年代。其實只要簡單幾個步驟，也可以擁有Peek-a-boo hair。

利用髮捲器製造出波浪，待頭髮烘乾後，再用指尖撥開剛剛捲好的頭髮，將頭髮的捲度撥鬆再加以整理造型，Peek-a-boo hair便完成。Peek-a-boo hair最大的特色是，前額分二八分線，絕對不能將前額頭髮剪短，較少一邊的頭髮往耳後塞，較多頭髮的另一邊盡量往臉部垂放，遮住半邊眼睛，以創造出縮小臉型的神秘感。

影壇首席金髮尤物：拉娜‧透納（Lana Turner）

拉娜‧透納（Lana Turner）是40年代的好萊塢影壇首席金髮尤物，擁有一頭金色的秀髮，外型成熟又標緻，身材嬌小又豐滿，年紀輕輕便踏上大銀幕，全身散發著強烈的吸引力，成為影壇一級票房天后。

據說16歲時，拉娜去雜貨店買可樂，遇到了好萊塢記者而進入影壇。導演威爾克森衝著她的美貌以及身材，於西元1937年邀她演出有台詞的電影《They Won't Forget》。她在這部電影中，雖然出場時間只有短短十分鐘，卻

充滿性感魅力的拉娜‧透納，一頭金髮非常耀眼。

因為一身緊身毛衣的裝束，突顯了她那豐滿的身材，搭配上窄裙跟高跟鞋，流露出超齡的性感，造成轟動，也因此「毛線衣女孩」這個代名詞也成為她終身的標籤。

西元1958年，拉娜・透納的14歲女兒殺死對自己母親施暴的黑社會人士，成為轟動全球的社會新聞，這醜聞一直圍繞著她與她女兒，破壞到了她的職業生涯，大家以為她的事業就要在此結束，沒想到她卻以《Imitation of Life》這部電影再度崛起，成為影壇中以一部電影收入最多的女星，躍升成為富婆。

西元1978年，《Witch's Brew》劇中她飾演一位壞女巫，這也是她的最後一部電影；西元1992年，醫生診斷出她有咽喉癌，她便在美國洛杉磯養病，一直到西元1995年。在自家的公寓過世，當時只有服侍她四十四年的女僕，陪伴她到最後。

拉娜・透納的髮型，從她出道以來，除了她染上一頭金色秀髮之外，最為人所知的就是她的前瀏海，幾乎都是吹高的S型瀏海。但她的瀏海是不遮住額頭的，這與別人的S型瀏海有所差異，創造自己的獨特風格，後面的頭髮一定都是波浪捲，16歲便出道的她，充滿小大人的味道，不論是她的身材或是臉蛋，一頭金色秀

拉娜・透納的S型瀏海。

髮,加上S型瀏海,中長的波浪捲髮,除了浪漫還更加性感。

黛博拉・寇兒(Deborah Kerr)

黛博拉・寇兒是英國知名的演員,更是喜歡看好萊塢影片的人,無人不曉的明星,也是40年代到60年代最成功的演員之一。雖然她不像費雯麗、奧黛麗赫本那樣形象鮮明,但是她的美貌與內斂的演技都是公認的出色,她高貴、優雅的身段與古典的五官,可以稱得上「英國的貴婦」。

西元1940年,她的第一部英國電影《Contraband》上映,雖然頗受大眾好評,但她的鏡頭卻全被剪掉;接著,西元1941年,《芭芭拉上校》這一部電影,才讓她嚐到一舉成名的滋味。

從這之後的每一部電影作品,她的表現都深具水準;西元1942年,她拍攝生平第一部彩色影片《The Life and Death of Colonel Blimp》,在這部電影中,她的演技受到相當多的讚許,同時也將她捧成英國影壇巨星,是英國電影作品史上的經典之作。

西元1957年,她與帥哥演員卡萊・葛倫合演《金玉盟》,是電影史上最經典、賺人熱淚的愛情文藝片。

黛博拉・寇兒產品代言的廣告。

黛博拉‧寇兒老年時為帕金森症所苦，臥病數年終究不敵病魔，西元2007年，10月16日病逝，享年96歲。

　　她與卡萊‧葛倫合演的《金玉盟》的中，黛博拉‧寇兒經典的髮型，正面是以手指捲與指推波紋做出來的造型，後面的頭髮挽起，有時會披一條絲巾在頭上，形成一種優雅高貴感，冷靜、莊嚴、聖潔的英國淑女樣貌，符合當時的形象。

黛博拉‧寇兒的電影封面及劇照。

琳達‧達妮爾（Linda Darnell）

琳達‧達妮爾是電影史上公認的大美人，明亮的眼眸，標緻的身材，燦爛的笑容，凝脂般的肌膚，她的美麗可稱得上艷光四射，被電影公司宣傳為「擁有完美輪廓的女孩」。

她出道的時候非常年輕，才15歲卻有著成熟艷麗的外型，而直接演出成人的角色，使她成為好萊塢最年輕的成人女主角。但是這也成為她最大的阻礙。由於她的美貌，公司對她的

琳達‧達妮爾的電影封面及劇照。

期望很高，卻不知如何塑造她，結果反而常演出一些花瓶角色。或許是這個原因，雖然她頗受大家歡迎，但始終在一線與二線女星中游移不定，無法達到超級巨星的地位。

西元1939年剛出道的她，是清新甜美的女生形象，一直到西元1943年，琳達‧達妮爾主演《Summer Storm》，才改變她以往的造型風格與形象，展現如珍羅素般的性感迷人造型。西元1945年，在LOOK雜誌舉辦的大型票選「世界影壇四大美人」中，她與海蒂‧拉瑪、英格麗‧褒曼、珍泰妮等四人脫穎而出。

西元1948年，她主演《三妻豔史》，這部電影也是她演藝生涯中，藝術成就最高的經典名片。戲中的她相當討喜，她的演出詮釋也很出色，是琳達‧達妮爾生涯中最佳的演出，雖然沒有得到奧斯卡獎，卻是她的事業一大代表作。而她最後的一場表演是西元1965年，同一年的4月，年僅41歲的她死於一場火災。

關於琳達‧達妮爾的造型，她早期的髮型都是清甜造型，前瀏海一律是往後梳理，一頭黑色微捲的波浪長髮，把耳朵以上的頭髮梳成公主頭。之後因為她主演成人角色，髮型便開始走向偏成熟、性感路線，將原先只有微捲的長髮，改變成大波浪捲長髮，前瀏海一樣往後梳理，後頭部的頭髮自然垂落在身後，使五官

成熟的她，看起來更加迷人。到了後期，將一頭長髮剪成中長髮，瀏海依然是往後梳理，後面的頭髮有時會挽成髮髻在後頭部，而原本的一頭黑髮也染成金髮，讓她更加嫵媚動人。

所以，她的髮型演變史，共分三個階段，早期她以清純甜美造型出道，是一頭微捲的黑色長髮；到了中期，她便將長髮改變成大波浪捲長髮，逐漸偏向成熟造型；後期便將長髮剪成中長髮，原本的黑髮染成金髮，走嫵媚、豔麗造型。

珍泰妮（Gene Tierney）

與琳達·達妮爾一樣是在LOOK雜誌舉辦的大型票選出的「世界影壇四大美人」，同時也是影壇公認的美人。珍泰妮的臉蛋擁有東西混血特徵，一頭深褐色的秀髮，湛藍的星眸，精緻的五官，帶有一股異國風味，更讓她流露出一種神秘的氣質。由於外表的關係，常常接到異國角色，她還演過中國人，同時她也是好萊塢最閃亮的影星之一。

西元1940年，她在銀幕處女作《The Return Of Frank James》中擔任女主角，票房與影評都頗佳，但是她在一次在私人的電影院放映中，聽見自己在銀幕上的尖細嗓音大吃一驚，覺得自己的聲音像米老鼠的女友米妮般尖銳。於是她開始吸煙企圖降低自己的音調，但

珍泰妮二八旁分的髮型，讓她看來更具女人味。

也埋下她日後死亡的遠因。

　　西元1943年，她的首部經典之作《Heaven Can Wait》上映，雖然這部電影沒有得獎，卻是公認電影史上的經典喜劇，自此珍泰妮的事業逐漸步入高峰期，每年都有一部傑作作品推出，直至西元1950年。50年代後半段，或許是珍泰妮人生最黑暗的低潮期，由於父親因為金錢問題，與她日漸疏遠，還有失敗的婚姻，以及生下失聰、失智的女兒，導致她心理崩潰而住進醫院，心理醫生診斷她患有癲狂衰弱，她接受了電擊痙攣治療，在西元1958年結束治療。西元1959年，曾與她合作過的公司提供女主角的機會給她，不過才拍攝幾天，她便退出劇組，又再次回去接受治療，這其中她曾經企圖逃走、自殺，不過所幸都有好好控制情況。西元1991年11月，珍泰妮死於肺氣腫，享年70歲。

　　珍泰妮典型的髮型，如圖片所示，最明顯的就是她的頭髮分線，二八旁分的斜瀏海，大波浪捲的中長髮，髮尾地方的捲度波浪，讓她看起來更加浪漫、溫柔、優雅。深褐色的髮絲，讓她富有東方味，有時會在髮尾部分，做點外翻、外翹的捲度造型，增添一點俏麗感。

世界影壇四大美人之一的珍泰妮。

珍泰妮畫像。

◆ 頭髮生病了，如何檢測？ ◆

頭髮生病，不外乎就是失去彈性與光澤。健康的頭髮就像彈簧一樣，有自然彈性會稍微彈回。頭髮能反映光澤，是因為頭髮的表皮層，表面較平坦顯得柔順；反之，受損的頭髮，很可能用兩根手指頭輕拉一下就會斷裂。頭髮失去光澤，會無法反映光線，還會褪色變淡褐色，這都是因為表皮層浮出的緣故。

有一個簡單的方法，可判斷髮質是否受損，你可以用兩根手指頭或手掌夾住髮幹，輕輕地拉一下。良好的健康髮質含有適當水份，頭髮的色澤光滑又具有彈性；不毛燥、沒分叉、不會輕易斷裂，在頭髮檢測儀750倍以上可看出毛鱗片沒有一點損傷，才是健康的頭髮。

頭髮受損的原因，可分為物理性的破壞跟化學性的破壞：

一、物理性：太熱（日曬、吹風機、燙髮）、摩擦（使用毛巾時，搓揉方式不當）、乾燥（過度清潔，未適當給予滋潤）、拉扯（梳髮力道過大、梳子材質粗糙）等等都會對頭髮造成傷害

二、化學性：主要是因過度洗髮、燙髮、染髮等化學品或藥劑的傷害，通常這些化學性的產品，PH值呈現較強鹼，過度使用會使頭髮產生分叉、斷裂等傷害。

頭髮狀況可分為：

抗拒性硬髮：彈性特別強，頭髮表面極光滑，少孔性，不容易吸水，

屬於撥水性髮質。頭髮洗好時，水滴掉落得特別快，不易附著水滴，所以燙、染時也比較需要多一些時間。

一般健康髮： 頭髮表面光滑且烏黑亮麗，彈性好，或未曾燙髮受損過，並經常保養護髮。

細軟髮： 彈性尚可，容易產生靜電作用，髮型也不容易定型，屬於容易吸水的髮質。這種髮質最容易因吹風、燙髮、染髮受損，要特別注意處理。

輕微受損髮： 頭髮的表皮層組織開始被破壞，造成鱗片外翻現象，容易使灰塵與空氣中的雜質，停留在頭髮上，容易變成難梳理和稍微乾澀，也有可能是因使用了不適合自己髮質洗髮精。

中度受損髮： 彈性差，輕微一拉就斷裂，跟細軟髮一樣容易產生靜電作用，多孔性、吸水性強，頭髮易變色且毛燥。最好的處理方式是剪掉分叉髮，再做護髮處理。

嚴重受損髮： 彈性極差、毛燥、多孔性且快速吸水，也很容易快速產生靜電，非常容易斷裂，容易打結、很難梳理，建議把受損的頭髮剪掉，再做最好的護髮工作。

頭髮分叉是頭髮組織由縱面裂開的狀態，毛髮纖維與纖維間相互依附的填充物質流失。梳髮不當或過度的染、燙、吹，也會使頭髮受損分叉；頭髮表皮層內的間充物質，容易流失或溶化纖維，並呈現分裂狀態，俗稱髮尾分叉。通常分叉的頭髮稱之為脆髮症，常見的受損髮在

髮尾末梢有分叉現象，或在毛幹上形成小結形的腫大，用手一拉便會斷裂，有些頭髮會呈現珠狀，由珠狀處斷裂。

頭髮分叉治療方法：

1.在分叉點上方一吋的地方剪掉。

2.用適當的鬃刷梳子梳頭髮。

3.頭髮清潔之後，用護髮油做保養。

4.定期做保養工作。

5.用 PPT 高蛋白質補充頭髮內之間充物質，使頭髮更加健康亮麗。

復甦的年代

50 年代

50年代初，正逢戰爭結束，所有西方國家的經濟，在此階段都顯著的成長，在這樣經濟復甦的趨勢下，第一張信用卡也隨之誕生。另外在藝術方面，所有的設計皆以一種新的面貌呈現，不論建築、產品、室內設計……等都是如此。

女性在戰後追求的，是希望能更加有女人味、更加嫵媚，可以在家裡享受，不用再像戰爭時那樣拋頭露面的辛苦工作。20年代曾經風行一時的「骨感美」，到50年代末期，再一次捲土重來，減肥飲料也在此時發明，SPA、美髮沙龍等，成了當時女性最佳的聚集地。

另外休閒娛樂，也是當時人們所重視的生活情趣，迪士尼的第一座樂園就在50年代創立，人們似乎都想藉由在這座樂園中瘋狂遊樂，來忘卻過去那段戰爭的歲月。

充滿女人味的美麗設計

女性為了讓自己看起來更高貴、更有女人味，長期以來即使像「束腰帶」、「高跟鞋」，這種束縛身體的外在裝飾物，她們仍趨之若鶩的使用在打扮上。在這50年代，女性更普遍成為物質的奴隸。

在這樣的風氣之下，帽子的設計裝飾便給

50年代的Deborah Kerr戴著裝飾面紗的帽子的造型。

人一種無法輕易靠近的感覺。帽子的頂部都有一個小小的平台，帽沿也會採用假花、面紗、羽毛之類的裝飾物做設計，另外，羽毛更會往前伸展，使對面的人不得不保持一定的距離。

色彩繽紛的50年代

經過戰爭的壓抑而產生單調的色彩後，50年代是色彩豐富的時期。就心理上看來，長期生活在窮困和社會動盪的人，當然希望在一切風雨平息之後，能擁有那色彩豐富燦爛的彩虹。所以我們會看到，當時的人們身上往往會搭配五～六種的顏色。化妝方式也如同服裝的色彩應用一樣，喜歡用不同的顏色做搭配，跟以往自然妝的化法大有不同。

同時50年代的少女，也悄悄流行起「東方風格」，她們並不追求性感，多半只是希望看上去較為成熟，外出穿著的衣服流行一律黑色，甚至頭髮、眼線也染成黑色，模仿亞洲人。

此外，在40年代末跟50年代初，發明了噴霧式的髮膠。特別是在50年代的末期，流行把頭髮向後梳的造型，髮膠的功能就更顯著了。

除了外在裝飾以外，女人不化妝是不能見人的，尤其西方天氣較東方乾燥，這樣的氣候對

費雯麗戴著華麗帽子的劇照。

1955年Vouge法國版雜誌內頁。

當時的雜誌VOGUE、McCalls等所刊登的流行時尚，處處展現出女性的優雅。

於膚質可說是一大傷害，所以，以外在來說，老化的速度會較為快速。當然所有的女性都希望能夠永遠的青春美麗，因此，化妝在這個年代的定義已不是單純的裝扮，而是一種禮儀的象徵。只不過這一切卻只有富裕階層的女性能夠做到，這樣的貧富差距在當時也是一種社會現象。

50年代的流行元素總括來說，大部分的女性，強調的是高挺的胸部線條、束腰、豐臀，高跟鞋、手提包和手套是重要的配備，優雅的手部裝飾已取代了20年代的華麗帽飾。國際禮儀也開始在此年代崛起。髮型部分，強調的是俐落感，以及高蓬的頭頂造型，還有將髮絲塞耳後，跟後翹的短髮，這些都是50年代不可或缺的流行話題。

◆ 梳髮女子 ◆

狄嘉的《梳髮女子》是一幅戶外小品，基本主題是為了表現人物的動態感覺，不妨稱作「女性」的體態美。畫中那些女子的優美動作，都一一反映在輕柔飄逸的頭髮上。

三位女子都是同一個模特兒，只是取自三種不同的姿態而已。這三種姿勢，使畫家得以突破環境的空間，彷彿我們正圍繞著真實的人物漫步一樣，這樣的姿勢，使得狄嘉可以表現出人物的先後順序，而呈現圓滿的動感。

狄嘉，1875～1876年，松節油、油紙　34X46公分 華盛頓，菲利普收藏。

蜂巢髮型：「B-52轟炸機」

這款髮型非常「龐大」，是模仿蜂巢的形狀來做的，在美國南部稱為「B-52轟炸機」，通常是為了炫耀自己也能跟上流行時尚的腳步。

蜂巢髮型是一個經典的復古外觀，複雜的風格，迷人又優雅，這樣極端的風格到如今已很少見到。現代的蜂巢髮型比較圓滑、時尚。過去的蜂巢髮型是以高度與大小做為潮流的標準，越高、越大就代表越時尚，但現代的蜂巢髮型不再是只以高度及大小做為取勝，如何讓蜂巢髮型的風格變成優雅、精緻才是關鍵。現代蜂巢髮型的變化如下：

高度差異：如果髮型的高度太高，會造成走路的重心不穩，現代的蜂巢髮型距離頭皮的高度，很少超過10公分。

蜂巢大小：以往的蜂巢髮型會把所有頭髮梳進去，現代的蜂巢髮型只梳前額瀏海的頭髮到後頭部，而後面剩下的髮絲自然的垂落在肩膀，髮尾部分可以加些捲度，感覺會比較性感。

配件應用：頭飾可以為此款造型加分不少，現代不少新娘的前額也會應用此設計，可以在頭上裝飾花朵或是面紗；若是要參加舞會，也可以應用此造型設計，鑲上寶石。

葛麗斯・凱莉《捉賊記》（To Catch a Thief）中的造型。

布瑞‧安蘭（Britt Ekland）在 《The Bobo》的造型。

　　組合設計：蜂巢髮型不是單單像個蜂巢，它也可與其他梳髮技術結合，如與辮子結合造型，或是在髮尾增加一些捲度波浪，運用不同梳編技術與蜂巢髮型結合應用，也別有一番風味。

　　傳統的蜂巢髮型，需要很多的技巧。首先利用捲髮器讓頭髮有一定的捲度，以利增加額外的高度與體積，再使用大量的髮膠或定型液固定髮絲。然後從髮尾逆刮至髮根，在髮根處製造一個基底。

　　為使頭髮蓬鬆，在頭髮裡面加上一些假髮棉，以增加它的體積與蓬度。接著將前額的頭髮梳亮、梳順，然後將後面的頭髮輕推到所要的高

度，再用小髮夾固定位置，最後噴上黏性高的定型液，加強髮型的持久性與耐久性。

鴨尾式髮型

這種髮型像是鴨子的尾巴一樣，梳成管狀造型，再使用大量的髮油，將它們梳理乾淨整齊。 鴨尾式髮型是50年代流行的髮型風格之一，最大的特色是在前額，誇張翹起的瀏海，就像鴨子般的尾巴。它不僅是女性的專屬髮型，發展至80年代時，也深受不少年輕男子歡迎，貓王的髮型就是其中一個例子。它是另一種鴨尾式髮型，表現在後頭部的鴨尾式髮型，就是後頭部的頭髮看起來像是鴨子的尾巴。

要如何將頭髮梳理得很整齊、很有光澤？秘密就是要使用大量的髮膠。前額瀏海的部分，將頭髮旁分，利用梳子及髮膠，將瀏海梳翹，吹乾時就如同鴨子的尾巴般的俏麗、可愛；另一種鴨尾式髮型，也是一樣的原理，只是換個位置，鴨子從前額變成後頭部，一樣具有話題性。

赫本頭

電影《羅馬假期》為奧黛麗·赫本開創演藝事業的高峯，她獨特而迷人的風采為當時人們所著迷。不論男女老少一定都對她俏麗的短髮有

美麗的50年代女性維吉尼亞·瑪尤（Virgina Mayo），一頭鴨尾式髮型更顯亮麗。

著深刻的印象，成為當時許多女人爭相模仿的款式。直至今日，「赫本頭」仍不褪流行，許多當今時尚的短式髮型仍可看出「赫本頭」的身影，這就是「赫本頭」之所以成為永恆經典髮型的魅力所在。

赫本頭是優雅與美麗的代名詞，因為奧黛麗‧赫本的獨特風格，而造就赫本頭的流行。

經典的赫本頭有兩款，第一款是《第凡內的早餐》的髮型：將頭髮先綁成一個高高的馬尾，再把頭髮往前梳理，把頭髮平均分配至同一方向，把靠近髮根位置的頭髮，作成一個蓬鬆的髮髻在頭頂上，再搭配上別緻的小皇冠配件或是一小排珍珠。現代不少新娘造型都喜愛這種髮型，是一款非常典雅又美麗，簡單而精緻的風格。

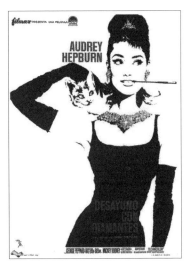

奧黛麗‧赫本主演的《第凡內的早餐》中，經典的赫本頭造型。

另一款經典的赫本頭較短，是出現在《羅馬假期》的髮型。頭髮的前額瀏海剪成鋸齒狀，呈現一個高層次、高角度的瀏海，後頭部的頭髮也剪成高層次的髮型，形成非常明顯的紋理，從外觀看起來就是一頭很短的短髮；利用吹風機吹出髮絲紋理，再使用大量的髮膠，讓髮絲服貼頭皮，用手抓出我們要的髮流方向。總而言之，赫本頭就是一款高層次的服貼短髮，不一定要捲髮，直髮也可以梳成迷人的赫本頭。

年代知名人物代表

奧黛麗‧赫本

奧黛麗‧赫本主演的《窈窕淑女》的經典畫面，使一個賣花女瞬間化身成一位氣質高貴優雅的美女。

奧黛麗‧赫本於1929年5月4日出生於比利時布魯塞爾，本名奧黛麗‧凱薩琳‧赫本-魯斯坦（Audrey Kathleen Hepburn-Ruston）。

奧黛麗的父親約翰‧維克特‧赫本-魯斯坦（John Victor Hepburn-Ruston）是一位英國銀行家，母親艾拉‧凡‧辛斯特拉（Ella van Heemstra）是荷蘭貴族後裔，襲有女男爵的封號，家族譜系甚至可以回溯到英王愛德華三世，算是貴族出身的世家。但她沒有一般貴族子弟的高傲態度，顯得和善親切。

1948年，赫本進入著名的瑪莉‧藍伯特芭蕾舞學校（Marie Rambert`s）學校學習芭蕾舞，但在訓練幾個月後，學校便告知她並不適合當芭蕾舞者。她因而轉為兼職模特兒，但並沒有因此打消她練習舞蹈的理想，除了模特兒工作之外，她參與歌舞團的演出；同年赫本擊敗多數應徵者，成為音樂劇《高跟鞋》（High Button Shoes）的合唱團員。由於音樂劇表現亮眼，隨即獲邀參與了另一部音樂劇《韃靼醬》（Sauce Tartare）的演出。

1951年，赫本首次在英國電影《天堂笑語》

奧黛麗·赫本主演的《龍鳳配》劇照。

露臉，正式成為電影演員，在一些電影中演出配角，並在電影《雙珠豔》裡施展舞技，同時接演另一部電影《蒙地卡羅寶寶》（Monte Carlo Baby）。為了拍攝後者，奧黛麗到法國出外景，意外被相中成為音樂劇《金粉世界》（Gigi）的女主角。這開啟了她到美國發展的機緣；至此的演藝之路算是順遂，可是在此時期她還未大紅大紫。後來，她利用機會到倫敦參加威廉‧惠勒的電影試鏡，獲得電影《羅馬假期》的女主角角色，才真正嚐到走紅的滋味，這大紅的程度，甚至讓媒體都忍不住要驚讚說第二個嘉寶誕生了。

1953年，電影《羅馬假期》正式上映。由於劇情成功，這部片在世界各地掀起風潮，赫本在片中表現出公主的高雅氣息，以及短髮表現出的天真無邪，使她成功贏得多數人的讚賞。戲中的短髮造型，也因此以她的名字命名，稱之為「赫本頭」。

奧黛麗‧赫本在《窈窕淑女》中仍然梳著經典的赫本頭，劇中她從樓梯上優雅地走下時的的的造型，就是將後頭部的頭髮往上梳理，並梳理得非常高，形成一個高挺的髮髻頂在頭頂上，再搭配上奧地利懸掛淚珠特色和奧地利水晶鑽銀色的頭飾；身穿一身白色的晚禮服，一層亮眼的薄紗，猶如天上的星星閃耀著光芒，雙手戴著白色

手套，後身的設計，讓她裸露出她性感的背，使她的行為舉止看起來更加優雅。

另一張《龍鳳配》的公主造型，赫本身穿一件優雅大花長裙，一層薄紗從腰身直瀉而下，在裙身及裙擺地方都刺繡著18世紀風格的花卉圖飾，搖曳的裙襬構成橢圓形，用黑色薄紗摺飾鑲邊；經典的低胸公主裙，搭上俏麗的赫本頭更加活潑。這件服裝是設計師紀梵希與赫本一起創造的時尚神話。

摩納哥王妃：葛麗斯‧凱莉

葛麗絲‧凱莉1929年誕生於美國費城，父親是富有的砌磚工人。

成年後，她到紐約戲劇學校學習表演課程，畢業沒過多久時間，即在演藝圈中嶄露頭角，成為美國50年代的女性代表。由於形象知性典雅，因此優雅成了她的代名詞。

1954年以《The Country Girl》一片獲得奧斯卡最佳女主角獎，同年，她前往法國參加坎城影展時候，結識當時的摩納哥王子雷尼爾（Prince Rainier），兩人遂墜入情網，並在1956年結婚。她的名氣與氣質讓摩納哥子民瘋狂，而老東家──美國米高梅製片公司，則拍攝記錄這場世紀婚禮，放送到全世界。

婚後的葛麗絲‧凱莉除了現實中王妃的

最美的王妃——葛麗斯凱莉，王室結婚照及王室家庭照。

角色，也沉醉在藝術及詩作上，還拍了兩部電影。1982年9月13日，她與么女駕車從法國返回摩納哥，途中發生車禍，翻覆在山路上，史蒂芬妮受傷，王妃則陷入昏迷狀態，翌日即宣告死亡，享年53歲。

右圖中的葛麗斯‧凱莉的髮型，是她的經典髮型。一頭簡單的中長髮造型，從出道到退出影壇，她的髮型都如出一轍，可稱為招牌髮型，優雅的向上微捲的髮型，將前額瀏海梳理一旁，完完全全展示她那纖細與美麗的臉龐。她的髮型風格就是簡單又優雅，不論是她的服裝、彩妝或是配件，永遠都是保持簡單路線，優雅別緻的高雅氣質。

瑪麗蓮‧夢露（Marilyn Monroe）

她是20世紀最有名的美國電影女星，她動人的表演風格，豐滿惹火的身材，純真如孩童般的形象，還有那吐氣似的呢喃嗓音，這個金髮尤物成為影迷心中永遠的性感女神和流行文

葛麗斯·凱莉《後窗》的劇照。

化的代表性人物。

　　西元1947年她進入影壇，可惜發展不怎麼順利，直到西元1950年在《The Asphalt Jungle》、《All About Eve》這兩部電影中雖然飾演未成年人，卻很受歡迎；她的喜劇演技也備受稱讚，西元1953年的《紳士愛美人》、《願嫁金龜婿》，西元1955年的《七年之癢》，西元1959年的《熱情如火》都有很不錯的表現。自西元1953年，瑪麗蓮·夢露成為影壇中的一線女星，同時也是最具有新聞性的人物，她受歡迎的程度，讓她在影壇有不少的影響力。西元1999年，她獲得美國電影學會，選為百年以來最偉大的女演員之一。

　　之後，西元1962年，她拍完最後一部作品《愛是妥協》，同年，傳說因過度服用安眠藥而逝世，真正死因至今是個謎。不過也因為她的早逝，反而讓她成為影壇中的傳奇，還有美國流行文化的指標之一。

　　瑪麗蓮·夢露的髮型非常優雅，想要擁有跟她一樣的髮型，首當條件當然一定是要捲髮，長度在下巴與肩膀之間，需要用到慕斯等造型品。首先將頭髮噴微濕，作一個三七瀏海，接著使用鬃毛梳或圓型的梳子，梳理頭髮波浪捲度的紋理，搭配吹風技術，直到所有髮絲完全定型為大波浪髮；一方面是要讓髮絲更有波浪捲度，

瑪麗蓮·夢露的經典畫面，那飛揚的裙子，及她臉上的笑容，所展現出的性感令人難忘。

美麗而又性感的瑪麗蓮・夢露。

一方面是要增加頭髮的蓬度，用意除了是要讓波
浪捲度更持久性之外，同時也是要讓捲度更有
光澤。浪漫嫵媚是這款髮型的經典風格，當然最
大功臣還是她臉上的那一顆痣。

◆ 燙髮須知 ◆

有時候設計師做不出顧客所指定的捲度、感覺的要求，不是太捲或是完全沒捲，可能原因如下：

與髮型設計師溝通

很多時候，顧客在一開始和髮型設計師在溝通時，認知就已產生差異了，對於捲度的要求標準不一。所以，藉由圖片、具像的人物作為參考依據是比較安全的溝通方式。

燙髮總類的選擇

燙髮有很多選擇，光冷燙和熱塑燙，林林總總、各式各樣。雖然不同的燙髮種類，效果大同小異，但不同的燙法種類和燙具，呈現的感覺還是不同，所以要選擇適合自己的燙髮方式。

髮質的判斷

不同的髮質對燙髮結果有極大的影響力，因為不同的髮質所需的髮捲大小、藥水的酸鹼度，以及時間上的控制，都是不一樣的。所以髮質的判斷，在燙髮過程中，不可忽略。

不同的頭髮狀況可分為：抗拒性硬髮／一般健康髮／細軟髮／受損髮
抗拒性硬髮：彈性特別強，頭髮表面光滑極佳，少孔性，不容易吸水，屬於撥水性髮質。頭髮洗好時，水滴掉落的特別快，不易附著水滴，所以燙、染時也比較需要多一些時間。

一般健康髮：頭髮表面光滑且烏黑亮麗，彈性好，或未曾燙髮受損過。

細軟髮：彈性尚可，容易產生靜電作用，髮型也不容易定型，屬於容易吸水的髮質。

受損髮：頭髮的表皮層組織開始被破壞，造成鱗片外翻現象，彈性差，容易斷裂，多孔性且快速吸水，頭髮易變色且毛燥，容易打結、很難梳理。

髮捲的大小選擇

髮捲挑選太小，會造成捲度過捲；髮捲挑選太大，會造成捲度不夠明顯。

認識藥水

髮質會影響吸收藥水的狀況，進而影響捲度效果，燙髮藥水之酸鹼度的強弱，也會影響捲度。抗拒性硬髮和一般健康髮，因為鏈鍵組織健康、緊密，所以需選擇鹼性較高的藥水，才容易形成捲度；細軟髮和受損髮對於藥水的吸收極為快速，需選擇較中性的燙髮藥劑，因為相對的藥性比較溫和，對於脆弱的受損髮質，可以減少二次傷害。

燙後的造型能力

燙髮失敗的原因之一，是燙後的造型技術出現問題。造型又分為吹風技巧和造型產品上的選擇。有一些燙髮的捲度，需要造型產品來塑型，不論設計師燙的捲度多成功，事後沒有適當的塑型產品，捲度還是無法持續。畢竟你看到的髮型書或是圖片，都是按下快門所形成的霎那永恆，拍照前造型師可能幫模特兒經過一番吹風、塗抹，若你以為只要燙髮就可以跟圖片中的模特兒一樣，那你就誤會了。

周昉《簪花仕女圖》（局部）遼寧
省博物館藏

南宋無款《宋仁宗皇后像》（局
部）臺北故宮博物院藏

美髮的歷史
假髮知多少？

　　假髮，是指非由人自然生長出來的人造髮。
人造髮又分化學纖維製作的假髮和用人類剪掉
的頭髮製作的假髮；還有用動物的毛髮製作的假
髮等三種，因應不同的用途而佩戴。

　　亞洲很早就出現假髮，到了西元前770年至
西元前476年（春秋時期），假髮開始在中國盛
行，是早期上層社會的女性飾物。用途是加在原
有的頭髮上，令自己的頭髮更加濃密，當時男性
也會戴假髮。假髮分為三種：「副」意指有飾假
髮；「編」則意旨無飾假髮；「次」是用假髮與
人類真髮合編起來的髻。

　　漢朝時明確為不同身分的人制定了髮型與
髮飾，當時的皇太后會以假髻來承載沉重而複雜
的頭飾，後來演變成鳳冠。因為真髮所製成的假
髮得來不易，便開始以黑色絲線製成假髮。

　　晉朝時期，假髮與假髻在宮廷、貴族和民
間都很流行，一直到了唐朝，假髮被稱為「義
髻」。

　　宋朝流行高髻，假髮跟假髻也很盛行，繁
華的大都市裡，有專門生產及銷售假髻的店。
當時因為有些店家，以未經消毒的死人頭髮製
成假髻出售，令佩戴者染病，朝廷便下令禁止

婦女戴假髻、梳高髻。

中華民國建立後，較少用假髮、假髻，髮型由繁轉趨簡便。但1917年時，北京城內興起剪去辮子的風潮，之後直到中華人民共和國建立，就很少看到漢族人在日常生活中使用假髮。少數民族則有一些有戴假髮的習慣，永寧納西族婦女，會用氂牛尾巴上的毛，編成粗大的假髮辮，盤在頭頂，然後在假髮辮之外，纏上一圈藍、黑兩色的絲線，後垂至腰部。

早期日本人很少在演戲以外的場所配戴假髮，但因崇拜戲中人而興起效仿風潮，後來在一般場合也開始有人戴假髮，多為女性，她們會使用假髮梳成傳統的日式包頭。她們所戴的假髮，通常是用自己剪下來的頭髮，編織而成為假髮。昭和以後，日本傳統的髮型逐漸沒落，假髮使用也就減少，通常只使用在傳統的習俗上，例如神社的巫女。

韓國在西元918年至西元1392年（高麗王朝），開始盛行戴假髻。那時忠烈王下令全國人民留蒙古髮髻（編髮），後來朝鮮太祖李成桂建立朝鮮王朝，採「男降女不降」政策，男性恢復漢制，不再是蒙古髮髻，女性則「蒙漢並行」，結合編髮與漢朝髮髻，後來發展成「加髢」樣式。「髢」（音同「遞」）就是局部假髮或髮絲編成的假髻。加髢是身分、財富

朗世寧《慧賢皇妃朝服像》 北京故宮博物院藏

日本浮世繪 喜川多哥摩《更衣美人圖》（局部）

的象徵，後來婦女的加髢越來越大，形成著侈
的風氣，之後有婦女因加髢過重，折斷頸項至
死，而正式禁用加髢，只容許平民和賤民女性
加髢。後來已婚婦女改為把辮子盤成髮髻並插
上髮簪而不戴假髻。

　　古埃及人，在四千多年前，就開始用假
髮，同時也是世界上最早使用假髮的民族，並
傳到歐洲。初期常見到以羊毛混合人髮製成的
假髮，男女都會佩戴。假髮會因社會地位與時
代，在長度跟樣式上產生差異；而且不論貧
富、地位、性別，都要把頭髮跟鬍子剃掉，戴
上假髮與假鬍子。只有在居喪時，才任由頭髮
生長，否則會被恥笑。

　　對於這現象，古希臘歷史學家認為古埃
及人覺得光著頭讓太陽曬，會令頭顱變硬，但
這沒有任何科學根據，且無法解釋戴假髮的習
慣。後來，有人認為古埃及人愛乾淨，深怕頭
髮、鬍子容易藏污納垢，於是把頭髮跟鬍子剃
光，戴上假髮防止頭部被陽光曬傷，但也有人
質疑戴假髮代替真髮，不見得比留毛髮乾淨。
雖然古埃及除賤民外，任何人都可以戴假髮，
但是不同階層的人所戴假髮的樣式，都有嚴格
規定，具有政治目的和社會意義。

　　古埃及假髮的材質，有從人頭上剪下來

的真髮、羊毛或植物纖維，如稻草、棗椰樹纖維等材料。有捲曲和辮子主要兩種款式。女性的假髮款式較為自然，男性的假髮則是花巧複雜。古王國時期的假髮，長度為耳下到肩的長度，當時還沒有剃頭髮的習慣，只留短髮再加上假髮，或把假髮加在真髮上。王族或貴族婦女，則會把假髮束成三條辮子。

此外，款式繁多的假髮，適合在特別的場合作為頭飾用，古埃及女性在出席節慶場合時，會在華麗的假髮上，配上錐形飾物，飾物內的香膏隨著時間會逐漸融化，滲入假髮中，散發出陣陣的幽香。有些假髮也會加上棗椰樹

勞倫斯‧阿爾馬-泰德馬《約瑟，法老糧倉的預言者》私人收藏

纖維製成的墊，令假髮更豐盈。除了生前會用假髮，古埃及人也會以假髮陪葬，他們認為往生時，也需要佩戴假髮。考古學家也從不少古墓裡，找到陪葬用的假髮。

古埃及人很重視假髮，會把假髮放在特製的盒子裡收藏，也經常將花瓣、肉桂木屑、香膏等灑在假髮上，使假髮薰上香氣。此外，假髮製造業，在當時是一門受人敬仰的行業，是女性可從事的工作之一。考古學家就發現了當地不少，假髮工廠的遺跡。

歐洲古代的假髮是從古埃及傳過去的，古希臘、古羅馬人認為禿頭的人是受到上天的懲罰，把禿子視為罪人。一些貴族也會把奴隸的頭髮剃掉，製作成假髮。依照當時的習俗，已婚婦女要把頭髮遮蓋，一些貧窮的已婚婦女就會賣掉自己的頭髮換錢。有些貧農也會把自己的頭髮束起結成辮，直到足夠的長度，就剪下賣給假髮市場掙錢。

至16世紀，假髮再度流行，用於遮蓋脫髮或當作美化外表的飾品。當時衛生環境惡劣，人們容易長頭蝨，有人就把頭髮剃掉，戴上假髮，因此假髮在古代歐洲，除裝飾性之外，還有實用性功能。但假髮的興盛，主要是因為王室成員喜愛，像英格蘭女王伊莉莎白一世，就

勞倫斯・阿爾馬-泰德馬《發現摩西》私人收藏。

佩戴紅假髮的《英國女王伊莉莎白一世肖像》，倫敦國家肖像陳列館。

喜歡戴紅假髮。17世紀，法國國王路易十三為了遮蓋頭上的傷疤而配戴羅馬式假髮，底下臣民紛紛跟起這股風潮。路易十四也因頭髮稀疏而戴假髮，也使臣民們紛紛效仿。這時候的假髮套，約有四十五種，就連頭髮濃密的人，也跟著趕時髦；而後假髮就成為偉大君主政體時代的象徵。

假髮會出現在各種形式的表演藝術中，例如中國戲曲、日本傳統戲劇和西方的歌劇，還有現代戲劇與角色扮演等，還有大家多少都看過的──假髮在英國是大律師和法官必戴品之一。

假髮流傳至今四千多年，已經變成流行配件，不再是因為政治跟階級所產生的階級產物。

21世紀的現在，它是時尚的裝飾品，有些人會因私人生理因素，或是想轉換髮型，更可能是為了節省打理頭髮的時間；也有人是特殊需要，如男扮女裝的人。總之，演變至今，假髮已是髮型美學的另外一種表現。

歐洲古代戴著假髮的人們，也是英國大律師和法官必戴品之一。

頭戴假髮的路易十四，1701年。

變化最大的年代

60 年代

20世紀的這一百年間，變化最大、最不安定的年代，就屬西元1960～1969年這段期間了，許許多多的反傳統、創新藝術皆發展於此。

西元1963年越戰的爆發，對社會造成了很大的衝擊，搖滾音樂就是在這種反戰、發洩的情緒下所誕生的。相較過去的古典音樂和爵士音樂，搖滾音樂這樣節奏強烈的聽覺效果，更能激勵人心，早期以貓王為代表人物，後期又有披頭四、滾石樂團……等，時至今日依然是膾炙人口的知名樂手。

另外，HIP舞蹈音樂引起了嬉皮風潮。當時英國時裝設計師瑪莉‧關（Mary Quant），在服裝上加上塑膠白色小雛菊設計，年輕一代的嬉皮便以此為LOGO，他們把塑膠花戴在頭上，象徵反戰爭、愛和平的訴求。

伴隨二次大戰後的嬉皮、反戰及激昂的學生運動，歐美社會瀰漫著一股反威權體制、激進而強大的勢力，第二波的婦女運動也在此時興起。

60年代是一個極為特殊的時代，約翰‧甘迺迪總統遇刺、越南戰爭、人類登陸月球、赫魯‧雪夫揚言要消滅美國等等，都發生在這短短的十年中。

瑪莉‧關所設計的迷你裙讓英國模特兒崔

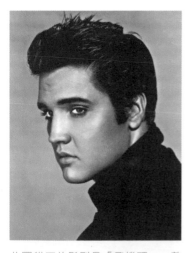

此圖貓王的髮型是「飛機頭」，整個頭髮呈現方型，兩側利用大量髮油塗抹服貼，將髮尾服貼的梳至後頭部，在當時全世界都流行這股風潮，連台灣的年輕人也不例外。

貓王（Elvis Presley）的髮型是當時流行
的重點，稱「飛機頭」。

姬（Twiggy）這一類削瘦型的骨感女性在當時引起旋風，減肥、厭食症都成了當時的一種風氣。

1960年代初期，地球人剛登陸月球，所以很多家具、服裝、甚至髮型，都大量採用圓弧型這類具未來感的設計，塑料感的材質也很常見。安迪‧沃荷也是這時代竄起的藝術家。

盛行於1960年代的普普藝術（Pop Art），最早是由一群英國年輕藝術家所提出，之後才於美國發揚光大。普普一詞原意來自於英文的「大眾化」（Popular），意指流行、通俗藝術，其實就是以生活為出發，將日常生活的原貌融合於藝術。舉凡拼貼、花朵、漩渦、圓圈等都是普普藝術的圖像，而鮮豔對比的色彩，也堪稱普普風的表現手法，被廣泛的運用在當時的造型上，這股風潮在21世紀，又再次襲捲而來。

60年代尾聲，吹起了一陣清新鄉村風格，其代表人物為木匠兄妹。A&M唱片的製作人對木匠兄妹中凱倫的嗓音，驚為天人，和他們簽下唱片合約。同年，單曲《Close To You》登上美國告示牌冠軍，抱走三座葛萊美獎，木匠兄妹因此一炮而紅，並成為當時樂壇的清流。但大眾的期待對要求完美的凱倫來說，實在是無比的壓力，因而罹患厭食症，飽受折磨，而在1983年2月逝世。

圖片中瑪莉‧關的髮型是三七旁分的斜瀏海，視覺重點為前面的大片瀏海，厚重、光澤、低層次是一大特色，後頭部是高層次的短髮，前後形成衝突性的美感。

安迪・沃荷所設計的《瑪莉蓮・夢露》。

美髮學院的創立

沙宣美髮教育學院

早在50年代就起家的維達·沙宣，在50年代後期，創造了革命性的剪髮——造型剪髮技術。到了60年代，他將過去女男孩造型的剪法，加以變化，奠定了鮑伯頭髮型的基礎，也將此款髮型正式命名為「鮑伯式髮型」，隔年，再因披頭四的五點式剪法再度揚名國際。

起初，他在英國開設美髮教育學院並建立了洗髮精王國，直到今日已是世界知名美髮沙龍學院和專業美髮產品商。

美國標榜美髮學院

標榜美髮學院，創立於1962年的美國芝加哥，創辦人李奧·巴沙治（Leo Passage）出生於美髮世家。

他身邊友人多從事建築師的工作，他有感剪髮就如同建築的過程中雕塑建體造型，都是屬於美感建立塑型的設計師，於是他便將這個雕塑理念帶入美髮，創立以剪髮雕塑技術為主的美髮教育學院。直至目前，全世界已有六十多個國家，引進這套教育系統，並成立美髮學院和美髮學校。

造型技術
染髮：黑色東方風

　　歐萊雅所發明的商用染髮劑，到了60年代
開始流行，許多人藉此改變髮色、覆蓋白髮。以
顏色來說，當時最風行的莫過於染黑髮了，這也
是往後的幾十年中所流行的東方風格之起源。

　　染頭髮就像化妝一樣，對少部分皮膚比較
敏感的人，應該要注意安全問題。染髮前一天，
最好先做皮膚敏感測試，將染髮劑塗抹在耳後
或脖子等較脆弱敏感皮膚上，等待並觀察有無
紅腫等過敏性反應。如果皮膚出現刺痛、發紅、
發癢等過敏症狀，應立刻沖洗，並停止使用。做
了測試後，再染髮會比較安全。

　　有一派說法是，染髮前可以不要洗頭，目
的是利用頭皮自然分泌的油脂，保護頭皮並且
降低對頭皮的傷害，但可能造成不易上色。目
前坊間已經有很多可以做染髮前隔離的護膚產
品，所以也有另一派說法是可在染髮前，先輕
柔地洗淨頭皮，再擦上隔離的護膚產品，以降
低對頭皮的傷害。另外，在耳朵邊緣、髮際邊
上，可以塗上凡士林，避免染髮劑直接接觸皮
膚。染髮以頭髮為主，一般染髮劑不可以直接
塗在頭皮上。最好的技術是只染頭髮，不碰觸
到頭皮，更不能直接將染劑搓揉至頭皮。因染

艾莉‧麥克勞（Ali MacGraw）於《愛
的故事》（Love Story）。

此圖是染髮時所需的染劑和雙氧
水，以及染髮工具的染刷、染碗。

髮膏的鹼性較高，若直接塗在頭皮上，可能會導致頭皮屑的增加，因為正常的皮膚pH值偏弱酸性，所以鹼性物質會因過乾而使頭皮出現脫皮現象。

染髮時間最好不要超過40分鐘，如果頭皮有刺痛感，要立刻用冷水沖洗乾淨，不得用溫熱水沖洗，避免加速染髮劑的反應。染髮劑含有各樣的複雜化學成分，使用不當就容易引起皮膚過敏、髮質受損或掉髮等現象。

染髮前後的三個小重點：

1.防止染髮劑過敏

染頭髮之前，做好皮膚過敏測試。染頭髮時，使用凡士林或是防止敏感膏塗在髮際線周圍，可以保護皮膚與防止過敏。

2.漂色

若想要染的新髮色是更淺、更淡的顏色，染髮前需先使用漂粉，使頭髮內的深麥拉寧色素退掉。漂色後，吹乾頭髮就可以再上色。但經過漂色的髮質，會比較受損、乾燥。

3.補染

正常的染髮，色素在經過數十次的洗髮後，就會開始退色，逐漸失去原有的色彩，所以染後的頭髮，需要在兩個月時補染。此時髮

東方的黑髮有種神秘的魅力，西方人對此也深深著迷。

根的頭髮，也因為兩個月的時間已長出約2公分的原色髮，髮尾因洗髮而產生退色及髮根長出的新生髮，剛好可以同時染上顏色。補染在染髮中其實是很重要，因為如此才能夠保持髮色的一致性，但是，補染卻常常被忽略，所以，可以常看到很多人的髮色會呈現兩段式，髮根黑色、髮尾淺色，俗稱「布丁頭」。

造型技術
燙髮：改變髮型紋理、調整臉型

燙髮與染髮有種不可言喻的關係，過去在10年代同時期被不同人所發明，卻巧合的在60年代同時期被廣泛利用成為流行。此時的燙髮技術，多是被用來改變髮型紋理，和調整臉型時所使用的工具。

60年代美麗盛宴

60年代中期，瑪莉·關將迷你裙的長度，減至膝上30公分，此舉雖引起爭議，但也使「迷你裙」的名聲傳遍海外，被安德烈·庫雷熱（Andre Courreges）發揚，但這樣的改變仍未在保守的亞洲風行。

假雙眼皮的畫法、濃烈的上下眼線、誇張的假睫毛、珠光白的唇色，是當時最為流行的。

圖片中的人物是義大利女星蘇菲亞·羅蘭於《La moglie del prete》劇中的造型。黝黑又風情萬種的她，穿著特色就是性感，還有義大利的風情，她那噘嘴性感模樣，成為60、70年代的性解放風潮之代表指標之一；簡單蓬鬆的中短髮和中分的線條，完美的流露出她的獨特女性野性魅力。

植村秀於1960年代於美國返回日本創業,推出UNMASK全球首瓶潔顏油後,改變了女性卸妝習慣,寫下全球每20秒即賣出一瓶潔顏油的記錄。性感女神瑪麗蓮‧夢露與瑪丹娜的梳妝檯上,絕對擺著植村秀為她們專屬調製的潔顏油。

嬉皮風

1960年代末,披頭四(Beatles)倡導著「Love & Peace」的理念,反對社會上的教條,主張解放。1967年,披頭四到印度尋求心靈治療,除了使印度和尼泊爾等地成為旅遊景點之外,波希米亞民族風打扮亦成為年輕人的時尚。

如何識別嬉皮呢?其最普遍的特徵就是長髮或編辮子。嬉皮還會穿抽象圖案的彩色服飾,這種衣服被稱為「扎染」;最常見的飾物類型就是象徵著愛的珠子,這些珠子被稱為「愛之珠」。

嬉皮髮型不是長髮就是編辮子,一頭又長又亂又多的頭髮,然後再隨意搭配頭帶、花飾,跟波西米亞的髮型很類似,但多點頹廢和凌亂感。嬉皮的長髮造型,簡單來說就是讓髮絲自然垂落在肩膀或背後,再搭配頭繩髮飾;或是帶點蓬鬆的微捲波浪造型,會更有自然、飄逸的感覺,讓嬉皮長髮更加輕盈,髮絲的質感也會更加浪漫。在設計上可以增加一些層次

彼得・謝勒斯於《I love you, AMeB.Toklas》中的劇照。

Guns N' Roses樂團唱片宣傳照，從他們的造型中，處處展現他們獨特而強烈的風格。

瑪丹娜《Who' s That Girl》她的服裝造型，也常出現「龐克」風格。

線條感或是柔和的波浪捲髮。編辮子造型也很常見，以鬆鬆的方式，在左右兩側將髮絲編成辮子，並加入皮繩編入髮辮，以及穿插一些羽毛髮飾，都可以打造出充滿嘻皮風的髮型。

龐克風

摩斯影響了後來許多次文化的出現，可說是次文化的始祖。早期的摩斯，是指勞工階級第二代，在二次大戰結束，這些年輕人多在叛逆的年紀，戰後的不安及郊區生活的苦悶，讓他們聚集於舞廳、酒吧等娛樂場所。龐克（Punk）是摩斯演變出的次文化，同樣以英國為起源，如薇薇安·威斯伍德，就是以創立龐克風格的服飾聞名。

典型的龐克風格是刺蝟頭或是兩側剃光的羅馬戰士頭，再染上顯目的色彩，加上鼻環及大膽花色的服裝。隨著時代的改變，龐克風的造型元素也跟著演變，幾乎每個年代都少不了這個話題，當然它也隨著年代的演變而有所差異。從60年代開始流行之後，70年代轉為狂野大膽，元素及配備都要齊全；接著80年代出現打釘技術，還有皮衣加上DIY設計；然後到90年代表現自我就成為了真正的流行主軸。不一定要全副武裝才是龐克，簡單的一條皮帶或一件背心，一雙鞋子或手環等等，就可以成功穿出龐克感覺。

龐克髮型最大的特色，就是頭髮與頭髮間的層次落差很大。簡單來說就是要有長髮與平頭並存的衝擊性視覺效果，還有頭髮的顏色變化，誇張鮮豔的對比式染色是龐克族最愛的其中之一，亮眼的粉紅色、鮮豔的紅色、亮麗的藍色、炫眼的銀白色等等，都是常見龐克族使用的染色。若是不想要這麼顯眼的龐克，可以考慮把頭髮之間的層次落差距離縮小，將頭髮剪短，只把髮尾留長，然後再使用髮膠或是慕斯，將中間的頭髮抓豎立起來，最後再作挑染，就是個很有龐克風格的髮型。

鮑伯頭

鮑伯頭是由英國髮型設計師維達‧沙宣（Vidal Sassoon）所設計。當時婦女偏好厚重凌亂感的大波浪髮型，想要打造出這種髮型，往往必須在髮廊待上一整天時間，讓髮型師上髮捲、逆梳及使用大量髮膠來做造型。

維達‧沙宣發覺到傳統的造型手法，不僅耗時而且會傷害髮質，便開始提倡以剪髮技巧創造髮型的豐厚感，以取代過去髮膠所營造的僵硬線條。

Nancy Quan的這款造型成為上世紀60年代的經典。

　　不過，此時尚未有「Bob」鮑伯這個名稱出現，一直到維達沙宣為美國華人女星Nancy Quan，量身打造一款被譽為「終生難忘的美麗線條」的髮型之後，才開始出現「Bob」這個正式命名。

　　60年代流行的鮑伯頭都是直挺、俐落的感覺，反而缺少了女人該有的女人味，演變至90年代就開始利用燙髮技術，微微的燙出波浪捲度，讓髮絲顯露自然光澤，打造出短髮也能擁有小女人的性感。用波浪捲度的線條紋理，讓鮑伯頭融入些許的甜美感，改變鮑伯頭直髮的硬挺感，尤其是髮尾微捲的捲度，更能自然的營造出髮量，讓鮑伯頭更有立體感，也讓髮型的整體線條，因這樣的包覆感顯得更活潑、亮麗。

　　鮑伯頭髮型的長度，大約在耳下，是一款舒適的短髮造型，而且容易打理照顧，適合任何年齡和不同臉型。

　　大部分的鮑伯頭都是對稱的，但其實也有不對稱的鮑伯頭。隨著時代轉變，髮型也會跟著演變；我們可以針對自我的臉型，選出適合自己的鮑伯頭。

　　基本上，鮑伯式髮型是由線條與弧形組合而成，圓潤厚實的髮線、沿著輪廓裁剪的線條，而這種看似簡單的線條輪廓，其實需要十

分細膩的剪髮技術。

從60年代發展到後來，已經延伸出許多線條組合的鮑伯頭。主要差別在於長度的變化、有無角度、頭髮的紋理線條變化、瀏海的多變設計，利用幾何圖形再搭配燙、染，呈現剛柔並濟的造型效果。

就算髮質是細的或是髮型容易扁塌的人，同樣可以剪出美麗的鮑伯頭，因為鮑伯頭不是髮量多的人才能剪出來的造型，靠著剪髮技巧營造出來的弧度，同樣能讓頭髮撐蓬起來。

披頭四《Rubber Soul》唱片封面。他們的造型，也是一種有強烈弧度的「Bob」。

但是，想要擁有一頭漂亮的鮑伯頭，必須要有健康的髮質，若是髮質已受損嚴重，再怎麼厲害的設計師，也無法剪出鮑伯頭該有的光澤、圓潤的特色，所以良好的髮質，是襯托鮑伯頭的豐厚輪廓最重要的關鍵。

鮑伯延伸

前述提到，鮑伯頭在50、60年代，由英國髮型設計師維達‧沙宣（Vidal Sassoon）正式命名，特色是沿著輪廓剪出圓厚的髮線。獨創的鮑伯經典髮型，在60年代成為簡約清新的新時尚，整體髮型具

60年代英國資深名模崔姬，圖為以她為封面的Vouge雜誌。

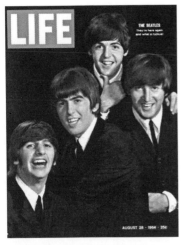

搖滾團體披頭四的馬桶蓋呆瓜頭。

有獨特風格的髮尾、不對稱的髮型輪廓與重重的瀏海，成為經典中的經典。

帶動鮑伯頭的流行，60年代英國資深名模崔姬（Twiggy）可說是重要人物，當時她帶起了一股以鮑伯為主的甜美風潮。

圖片中即是國際超級名模崔姬，當時她剪了頭男孩般的幾何髮型，造就短髮的流行。只有五官與輪廓夠漂亮，或是夠有自信的人才能剪這樣的短髮。

由內而外的低層次剪髮，減少頭髮間明顯的落差，以工整的剪裁技巧，加上服貼的整髮技術，凸顯臉部輪廓線。

厚瀏海在那個年代也是一股潮流，當時的男孩子就是以這種髮型為主，搖滾團體披頭四（The Beatles）的馬桶蓋呆瓜頭，就是典型代表。

他們前額瀏海剪成沒有層次的厚重齊髮，瀏海長度設定在眉毛的位置，後頭部的頭髮也是厚厚的，而且還帶有點圓形的輪廓線，把頭髮設計成像一朵香菇的形狀，一定要蓬蓬的才有符合這款髮型，是一款低層次剪髮造型。

想要擁有這種髮型，需要相當立體的五官輪廓才會好看，不是任何人都適合的，所以若想要此髮型，必須隨著臉型做變化，可以增加一些線條層次，再染些有光澤的色彩，才不至

於太厚重，減輕視覺上頭髮的沉重感。

五點式剪髮：五點式髮型

　　1964年，沙宣創造了最具代表性的「五點式剪法」技藝（Five Point Cut），以當時著名的模特兒葛瑞斯‧卡汀頓做此種剪法的演示。

　　五點式剪髮又稱「不對稱剪髮」，如圖片所示，左右兩邊長度不一樣，或是頭髮的線條流感兩邊不一樣，都是不對稱剪髮，不一定是左右不一樣；前後或上下的不一樣，現在不少剪髮技術都會融合應用。

　　當時流行沙宣幾何式剪法，髮型以長直髮最紅，有一句形容詞「燙平你的頭髮」，顯示出當時的直髮是需要非常平直且整齊的。

　　沙宣的「不對稱剪法」是在有一次沙宣學院替名模戴安娜‧布魯克斯設計髮型時，當沙宣為她完成一側的剪髮之後，戴安娜忽然說：「等一下，我改變心意了！」，沙宣回答他說：「我也是，我決定不剪你另外一邊！」，於是沙宣舉世聞名的「不對稱剪法」就此呈現於世人面前。

沙宣的五點式剪髮。

歐米茄包頭

蘇茜‧帕克（Suzy Parker）的賈桂林式髮型。

賈桂琳式的包頭大波浪，誇張呈現後更具舞台效果。

賈桂琳的「歐米茄頭」，元素就是髮尾外翻成一個整齊的波浪，髮尾的捲度要夠捲曲，並且強調頭髮的蓬鬆度、整齊的捲度，以及髮型的固定性，外圍輪廓線要線條分明，襯托女性的性感、冷豔、摩登，最大的特色就是講究細節，髮絲紋理線條明顯。

而另一種的「歐米茄頭」，誇張的逆刮製造蓬鬆度，同樣的，外型輪廓有很明顯的大蓬度，但少了髮尾的反翹的波浪線條。蓬度完成後再加上噴霧定型，呈現頭髮的質感。

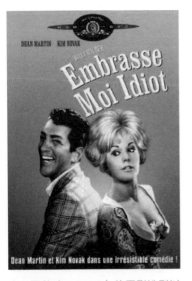

金‧露華（Kin Novak）的電影造型以一頭俏麗的歐米茄頭呈現。

年代知名人物代表：

永遠的第一夫人：賈桂琳·甘迺迪

賈桂琳·甘迺迪（Jacqueline Kennedy）31歲時，成了美國歷史上最年輕的第一夫人。在許多場合，包括丈夫的葬禮上，她都會穿著兩件式的套裝，在當時還曾經造就了一股風潮。

端莊、高雅、簡單大方的賈桂林服裝風格，深得婦女的喜愛。人民無不愛戴這位俏皮、摩登的第一夫人，她也是婦女們的偶像，不論是髮型、服裝、品味上，都引發一股模仿風潮。她穿戴什麼，第二天就會有相同或者類似的服裝，被民眾搜刮一空。頓時間，她成了世界上最會穿衣服的女人，她的風格對流行時尚的影響力至今未褪。

賈桂琳·甘迺迪曾被譽為「甘迺迪王朝之后」，Vogue雜誌編輯的鮑爾斯表示：「她是一位了不起的時尚塑造者。」賈桂琳·甘迺迪的個人風格，讓50年代的貴族氣息與60年代的動感氣息並存。套裝一直是她「第一夫人」的象徵，合身的格紋套裝、腰繫著細皮帶，因此被稱為「優雅的代表」。她所穿的套裝，大多是色彩艷麗且性感柔美的服裝，是位優雅又摩登的美麗女性。

賈桂琳時而標準的歐米茄頭，時而蓬鬆的

美麗的第一夫人，賈桂琳。

賈桂琳的另一種歐米茄包頭造型。

微直髮，其共同點都是簡單俐落的中長髮，帶動了當時一股賈桂琳風潮。

披頭四

披頭四，主要成員是——主唱約翰藍儂、貝斯手保羅·麥卡尼、吉他手喬治·哈里遜與鼓手林哥·史達。

在金氏世界紀錄中，他們是唱片專輯銷售數字最高的紀錄保持人，在全球寫下了約十億張的驚人數字。在1998年所發行的精選集，也寫下了冠軍專輯銷售相隔最久的紀錄，共三十二年。

披頭四在60年代，以一曲《Yesterday》紅遍全球，但由於團員之間理念不合、爭執……等的問題，最後於1970年正式解散。解散後一直不斷有媒體力促披頭四再度合體，但就在1980年，主唱約翰藍儂在自宅門口被刺殺身亡後，披頭四的重組從此成了不可能的任務。在60年代的搖滾音樂，稱披頭四為最具代表人物指標，甚至是代言人一點也不為過。

崔姬（Twiggy）

崔姬（Twiggy）1949年9月19日生，於60年代她標準打扮是MOD' STYLE。幾何的髮型、空洞眼神、誇大眼妝、乾瘦身材、病懨懨、誇張的肢體語言、時髦打扮，這樣的風格剛好迎上毒品盛行的時代。她最經典的裝扮就是以太空裝、瑪

披頭四《Sgt. Pepper's Lonely Hearts Club Band》唱片封面。

莉‧關系列洋裝、迷你短裙加上套頭毛衣，彩色絲襪、高跟涼鞋為造型，深深影響60年代的年輕人，現今骨瘦如柴的名模體態就是崔姬所帶出的風潮。

崔姬小女孩氣質般的造型，繼50年代赫本風潮後，以沙宣根據披頭四所設計出一款，非對稱式的髮型，這種稱為「五點式」的髮型。由頭部中間開始，分出五縷，剪出稜角。整個髮型就好像太空飛行員的頭盔一樣，是沙宣鮑伯頭的延伸。

知名模特兒崔姬。

她黑黑的眼線，是同時代嬉皮誇張的眼部化妝代表。但她在20歲時，就正式結束了自己的模特兒工作，雖然不過短短四年，但她卻成了整個60年代。最具影響力的模特兒。她的出現，改變了過去對美的定義，過去的豐腴美，在她的出現後算是正式的畫下句點。在這之前，沒有人覺得骨瘦如柴才是美麗的，崔姬則帶來與以往截然不同的審美觀。

珍娜‧露露布麗姬達（Gina Lollobrigida）

她那頭生菜沙拉式的「露露」捲髮也成為眾多女性模仿的對象。她是義大利著名的女演員，也是50、60年代有名的一線女星。第一部美國電影《Beat the Devil》於西元1953年出品，使她的知名度提高，很快成為國際巨星，也被

珍娜‧露露布麗姬達。

歐洲媒體標為「世界最美麗的女人」，暱稱為「露露」。西元1947年，因為合約糾紛關係，導致她無法在美國拍攝電影，回義大利之後，逐漸成為義大利首席性感女神。因她有一頭蓬鬆而圓弧的髮型，且外圍輪廓線活像一顆做沙拉的包心菜，因此她那頭生菜沙拉式的捲髮，也成為眾多女性模仿的對象。

伊麗莎白·泰勒

伊麗莎白·泰勒（Elizabeth Taylor）是美國影壇中一顆如鑽石般的頂級巨星，一頭烏黑亮麗的秀髮，身材雖嬌小玲瓏，卻有著雪白的肌膚和豐滿的胸部，一對濃眉大眼，尤其是她那對紫羅蘭色的眼眸，讓人深深著迷，臉頰上的黑痣更讓人難以忘記，真是堪稱60年代的一代尤物，每每出現，必定成為大家的焦點。

她9歲便進入影壇，飾演調皮的小孩；西元1946年，12歲就以《玉女神駒》成為知名的童星，雖然當紅的時間並不長，但已有一定的知名度；因為早熟的外表，電影公司將她塑造為成人女主角，19歲便已是一線巨星，但是大家只注意到她的美貌，對於她的演技似乎沒有特別肯定。

西元1956年到西元1966年，是她的黃金十年，此時的伊麗莎白·泰勒是全球最具票房

永遠的巨星──伊麗莎白·泰勒。

吸引力的巨星，這期間她的九部電影作品，全部都打進年度暢銷排行榜，其中以《岳父大人》、《玉女弄璋》、《劫後英雄傳》、《巨人》、《戰國佳人》、《朱門巧婦》、《夏日癡魂》這幾部為經典的電影名作。可惜當她的演技日益精進時，歲月的摧殘已讓她從「玉女」變成「玉婆」，但是她的美貌與性感永遠會在大家的記憶中。

伊麗莎白·泰勒的經典造型如下：

　　波浪短髮，這是她年輕時的髮型，均等的高層次剪髮，形成一個小小的圓型捲度造型，由於圓弧的外圍形狀，讓整款髮型看起來增添年輕可愛感。

　　波浪中長髮，這是最令人讚嘆的美麗髮型，以高層次的剪髮技巧，再使用鐵棒與髮捲器結合應用，把髮絲的波浪捲度做出造型，再利用慕斯、髮膠或定型液加以固定。

　　短直髮型，是「玉婆」典型的髮型之一，類似赫本頭的剪髮方式，極高的剪髮層次，後頸剪成服貼的線條紋理，打理時，只需簡單的梳出整齊的線條，即能表現出俏麗的美感。

◆ 燙髮和染髮同時間做，會影響髮質嗎？ ◆

此時期和現在一樣流行同時燙髮又染髮，而要先燙髮再染髮，還是先染髮再燙髮？這個問題可能會困擾著許多人，如果是先染髮再燙髮，必定導致頭髮剛染過的顏色會褪色，染髮工作就徒勞無功。因為燙髮時使用的藥水，會使頭髮的毛鱗片膨脹，而且剛染髮後，被氧化的染料尚未穩定的和頭髮結合，若馬上燙髮的話，就會令剛染髮的頭髮顏色褪色，因此還是不建議同時染髮和燙髮。

一般常見的，都是先燙髮完再染髮，但最好是燙髮後間隔一週以上，再染髮。一週的時間，可以讓燙髮過的髮絲及頭皮，獲得休息恢復，也因為有洗過頭髮，便已把殘留在頭髮上的燙髮藥水給洗淨。

燙髮過後，頭皮和頭髮受過燙髮藥水的刺激，多少會有些脆弱，若馬上要染髮，對頭皮和頭髮的傷害機率會提高很多。還有，也可以先行做燙、染前的護髮之後，再進行燙髮、染髮。事先做好保護，就能將對頭皮與頭髮的傷害降到最低，才能擁有亮麗的髮色和燙髮造型。

所以，盡可能避免在同一天，又燙又染的。建議燙髮後，至少隔一週以上再染頭髮。

不滿的年代

70年代

此圖是西元1977年，性手槍在拍攝《上帝保佑女王》宣傳短片。從左而右依序是：席德維瑟斯、約翰尼藍、保羅庫克和史蒂夫瓊斯。

在60年代興起的「嬉皮文化」，成為年輕人顛覆傳統社會價值觀的出口，他們用愛與和平作為自己的中心思想，渴望解放來自父母、環境給予的社會壓力，追求自我，後來更奠定了70年代的自由跟開放。過去那些吸毒、反叛的年輕人，在70年代大多已經邁入中年，但仍保有過去的反叛精神，不同的是他們心裡明白過去的訴求再強烈，仍難以撼動保守的社會。如同女性主義一樣，是一時之間難以改變的環境，至今這社會依舊是以男性為主體。

可是這樣的不平等，造成了嘻皮的搖滾風格更加興盛，他們用刺青、穿洞來表達他們心中的不滿，反傳統的意識及反戰情感高漲，將龐克推向高峰，世界廣受街頭文化影響。

70年代「性手槍」的主唱麥坎‧麥克羅倫（Malcolm McLaren）以反藝術計畫，和時尚設計師——也就是他的老婆薇薇安‧威斯特伍（Vivienne Westwood），在倫敦經營一家名為「性」的精品店。

年代技術
染剪合一

美髮之父保羅‧米契（Paul Mitchell），在頭頂區，用日蝕的概念，即是在模特兒頭頂

的小小圓形分區的方式，開啟他獨特剪法的靈感。他開始發展嶄新的技巧，並進而發表了一系列以圓球體概念出發的剪染合一髮型創作。

　　70年代時這一系列的作品，結合了Angus M旗下多位國際大師的創意與才華，在整個創作過程中，Angus Mitchell都以團隊運作，他相信「一個團隊之所以重要，是因為團隊建立了個人的自信，個人力量永遠不會比團隊力量強大，美髮沙龍的環境更是如此。」剪裁髮型上在此年代，建立起「簡單就是美」的概念。

70年代美麗盛宴

　　全球的年輕人都一樣，想要顛覆社會主流的思想，在70年代的倫敦也興起了一股叛逆文化的龐克風潮。年輕人刻意把頭髮弄成刺蝟般的龐克頭，加上做作的染髮色，甚至在嘴裡含著奶嘴，希望永遠不要長大，而吶喊式的搖滾樂，也逐漸開始形成風潮！

　　蒼白的臉，加上如吸毒一樣的深深黑眼圈，是龐克風潮下最愛的一種彩妝方式，看起來髒髒的，甚至像是受傷了，不過那樣都無法阻擋，當時年輕人利用這樣的方式表達自我意識的熱潮。

剪染合一的髮型開始受到重視，此圖為「放射性染髮」。

The Cramps唱片封面，展現出龐克的頹廢風。

法拉頭

　　法拉‧佛西在影集《霹靂嬌娃》中，高角度瀏海的「法拉頭」，是當時女孩們爭相模仿的對象。

　　直到如今，法拉的髮型依舊是主流，如同經典的赫本頭、鮑伯頭一般，依頭髮的長短、吹風方式的不同，而出現不同框架下的多樣性法拉頭。

　　長度短一些的，便如同赫本的短髮披頭，長一些的捲髮就是法拉頭。

　　法拉頭是一款中高層次結合的髮型，以捲度及蓬鬆的髮尾，加上吹風技巧，吹成內包或外翻的蓬鬆大波浪長捲髮，打造出性感雅緻的女人味。

　　法拉頭除了蓬鬆、中高層次、大波浪之外，還有浪漫及奔放的新潮感。也因為法拉頭一定要捲髮，所以，也造就當時燙髮市場在全世界開始蓬勃發展的一個契機。它是女性解放的象徵，呈現堅強、快樂與自信。基本法拉頭較適合髮質稍硬、髮長要10公分以上的女生。因為法拉頭太受歡迎，所以70年代幾乎所有的少女和少婦，都頂著一顆法拉頭造型。

這種高層次的捲髮就是經典的「法拉頭」。

阿福羅頭

阿福羅頭（Afro-hair、簡稱Afro），又稱「爆炸頭」或「非洲頭」，是1970年代中的流行髮型，特徵是大、捲、又膨的球型毛髮，與日蝕的圓形概念相仿。「Afro」意為非洲的，後將「Afro」定為圓蓬式之意，中譯為阿福羅頭。

非洲血統的人，天生就擁有這樣一頭非常捲曲，形狀如一朵黑雲包覆在頭頂上的球型髮型，主要特色是外圍大、捲度小、輪廓蓬、視覺厚、紋理濃密。

想要擁有一頭阿福羅頭，必須要有一頭非常自然捲的頭髮，而且髮量多。當然當時已經有純熟的燙髮技巧，也可以用非常非常小的冷燙或熱燙髮捲，燙出此髮型。至於整理，基本上就不需要了，洗完頭髮吹乾後，用手抓蓬，隨時就都可以保持此造型。

阿福羅頭是由當時最火紅的樂團Boney M帶起，在迪斯可流行的年代，爆炸頭成為舞歌、快歌的經典造型。後來，阿福羅頭也帶動不少潮流，例如：阿福羅犬、各式各樣顏色的阿福羅假髮，甚至還有阿福羅頭造型的安全帽，深受不少愛搞怪的年輕人喜愛。連寵物也會剪一頭阿福羅頭的造型，可見它的影響力有多強。

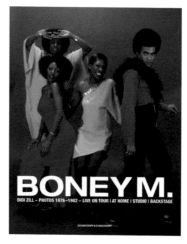

此圖片為「Boney M.」樂團，70年代可以説是迪斯可時代，雖然起初他們沒有受到樂迷強烈反應，但他們在各大迪斯可、夜總會巡迴表演，於是造成巨大的迴響，不少年輕人都會模仿他們的造型，在舞廳聽著迪斯可音樂跳著舞步，同時他們帶動了此款髮型；圖片中四位有影響力的歌者，就有三位頂著阿福羅頭，大、捲、蓬、厚、濃密都具備了，若要説哪裡不同，只能説形狀大小各有差異，其餘都是如出一轍。

這些是協助髮型設計時所使用的梳子和髮夾，在1970年代就已陸續被普遍使用。

羽毛剪的造型，展現出飛揚、輕快的時尚感。

羽毛剪

羽毛剪是以削刀或打薄剪，將髮型的髮尾部分做打薄處理，讓毛髮尾端狀如羽毛輕飄。這跟過去總是要求工整的鮑伯髮型有很大的不同，在70年代後期被廣泛使用。

羽毛剪的髮型，看起來就像羽毛一樣的柔和自然，長髮或短髮都可應用，主要功能是在打薄頭髮的厚度和整齊度，可以讓髮尾看起來參差不一而製造出柔和感。

流行了好幾個年代的波浪捲髮，反而也讓部分女性想追求直髮，但是直髮實在是非常單調平凡。厚重貼齊的斜瀏海跟單調硬挺的長直髮，可以在髮尾使用羽毛剪，以減少頭髮的厚重感跟髮尾硬幫幫的感覺，讓平凡中也能帶點流行時尚感。

頭髮較短的女性，可以在側面頭髮的髮尾使用羽毛剪技巧，讓羽毛狀的髮尾服貼至臉頰處，有修飾臉型的效果，讓簡單的短髮，增添更多的時尚感。

側面頭髮的髮尾使用羽毛剪技巧，讓羽毛狀
的髮尾服貼至臉頰處，有修飾臉型的效果。

年代知名人物

麗莎‧明妮莉

　　麗莎‧明妮莉（Liza Minnelli），1946年3月12日出生，一雙無辜的大眼外加俏麗的短髮，在電影《Cabaretr》卻是演譯一個放蕩不羈充滿情感、衝動的角色，是當時女性所崇拜的偶像。

麗莎‧明妮莉於電影《Stepping Out》中的劇照。

　　圖中麗莎‧明妮莉於電影《Stepping Out》中的髮型，以高層次短髮為主，然後在前額瀏海以及側面頭髮，利用羽毛剪將髮尾打薄，讓看似簡單的短髮不至於過於呆板。在頭頂區的頭髮，也以羽毛剪的方式，將頭髮打薄，製造出自然柔和的髮型，讓整款髮型看起來不會太厚重，呈現俏麗活潑感。70年代除了法拉頭以外，也有另外一派喜好俐落髮型的女性，模仿麗莎‧明妮莉的此款造型。

法拉‧佛西

　　電視女演員兼化妝品模特兒法拉‧佛西（Farrah Fawcett），曾在頗受歡迎的電視影集《霹靂嬌娃》中擔綱演出。

　　《霹靂嬌娃》中的法拉‧佛西，當年就是以一頭大波浪捲髮造型出現，無意間造成了全球轟動，帶動一陣模仿潮流，所以，以她的名字法拉命名，就是「法拉頭」。這是一款「長

長、捲捲的大波浪捲髮造型」，歷經二十幾個年頭，「法拉頭」都還是時尚主流。

西元2009年6月25日，她因為罹患癌症病逝，得年62歲。法拉·佛西是在西元2006年傳出罹患直腸癌，抗癌經過甚至還被拍成紀錄片《法拉的故事》，鼓舞許多癌症的病患。西元2007年因病情復發擴散到肝臟，飽受病痛折磨的她，一頭美麗的金髮也因為化療而全掉光。

法拉·佛西的經典法拉頭。

以上兩張圖皆為仇英《漢宮春曉》局部，臺北故宮博物院藏。

中國髮型的演變

中華民族繁衍以來，造就了光輝燦爛的文化，在整個中國文化發展史上，各個歷史時期的不同髮式造型及演變，佔據著閃亮的一頁。

中國髮型的發展，從古代的蓬髮，之後的束髮，一直發展到今天，成為短髮和多變造型的階段。

舊石器時代，為了勞動和生活的方便，把長長的頭髮，用石器砸斷、變短，保持自然垂落狀態；新石器時代，女性開始將頭髮往後梳，中間以繩子繫束，稱為束髮；上古時代，男性20歲時，要把自己的頭髮盤成髮髻，我們叫做結髮，這也成為漢族人歷代的基本髮式。

秦漢時期

秦漢時期，大多流行平髻，之後鬈髮出現很明顯的加工痕跡，秦朝有望仙九鬟髻、凌雲髻等；漢朝有墜馬髻、百合髻、盤桓髻等，頭飾更加繁多。當時的人，特別是頭髮稀少或是禿髮的女性，為了追求時尚，開始在髮間使用假髮，材質是黑色的絲絨，並非真正的人

敦煌壁畫。

髮。由此可見，中國的假髮大概在這時候開始
出現。

魏晉南北朝

　　魏晉南北朝在中國歷史上，是一個長達
三百六十九年之久的動盪時期。自東漢末年起，
最終形成了魏、蜀、吳三國鼎立的局面，進而統
一為晉朝。然而，晉朝滅亡之後，就形成了南北
對峙的形勢。南北文化的交流，不同民族的風俗
融合，使魏晉南北朝時期人們的髮式妝飾，發生

唐《宮樂圖》局部。

周昉《簪花仕女圖》局部，遼寧省博物館藏。

很大的變化與發展，因為受各種不同文化及習俗相互交融的影響，髮型樣式繁多，無奇不有，出現了靈蛇髻、驚鵠髻、回心髻、隨雲髻等等。

隋唐時期

隋唐時期，特別是到了唐朝時期，當時與唐朝交流的國家達三百餘個，中外文化交融，促使唐朝文化藝術融合中西文化藝術風格。隋朝有翻荷髻、迎唐八鬟髻；唐朝有望仙髻、倭墜髻等，髮髻樣式繁多。為了加大頭髮體積，當時也很流行用紙糊做成髻，或用木料做成的髻，我們通稱為義髻。

從《宮樂圖》中，可看出唐代宮女的「墜馬髻」髮型，髮髻鬆垂，像是要墜落的樣子，故稱「墜馬髻」。唐代有人會將薔薇花低垂於頭髮上，作為墜馬髻髮型；墜馬髮髻在各代都有些微變化，但基本上的特點是髮髻垂落在偏側，主要受以已婚的中年婦女的喜愛。

在周昉《簪花仕女圖》可看出唐代貴婦的「蛾髻簪花髮型」，她們將牡丹比作花中之王，並以牡丹花作為髮髻上的裝飾物，以突顯嫵媚與高貴。頭髮上的珠寶

銀飾，以那牡丹花的形狀最為突顯，以強調花髻髮型的雍容華貴，甚至更有人會在髮髻上，再以雪白的茉莉花點綴，呈現黑白強烈的對比，且花朵的芬芳撲鼻，非常具有魅力。她額上的眉飾，唐代仕女化妝的特色，髮髻上的花飾，給人華麗的深刻印象，而她那對粗大明顯的蛾眉，是唐初盛行的粗眉飾。

錢選《楊貴妃上馬圖》圖左兩位侍女的髮型，是唐代女子「垂掛髻」髮型，因垂落在臉部兩側，一般多用於侍女、丫環，故又稱「雙丫髻」；這是將頭髮平分為兩側，再梳結成髮髻，垂掛於頭頂兩側，便是「垂掛髻」。

至於在五代《浣月圖》中的髮型是「螺髻」，又稱「盤桓髻」，意思就是盤在頭頂上的髮髻，其梳編方式是將頭髮盤曲繞捲，盤疊

五代《浣月圖》。

173

張萱《虢國夫人遊春圖》，遼寧省博物館藏。

三張皆為顧閎中《韓熙戴夜宴圖》局部，北京故宮博物館藏。

於頭頂上，穩而不掉落，故也有人稱為「盤疊式髮型」，這是長安婦女最喜歡的髮型之一。

宋、元、明、清時期

至於宋、元、明、清時期，宋朝多流行朝天髻，同心髻和流蘇髻；明朝則是盛行牡丹頭。明清時的女性喜歡在額間繫扎，稱為頭箍。明末清初的時髦髮型是莊重又高雅的松鬢扁髻。到了清朝，則興盛鉢盂頭、兩把頭等髮型。一直到清朝滅亡，才結束了漫長的束髮階段，迎面而來的是色彩斑斕的短髮時代。

民國初年

民國初年，自西元1840年鴉片戰爭起至辛亥革命後，風土民情也發生很大的變化，人們的髮式妝飾也隨之變化和開放。清末民國初年，年輕女性除了部分保留傳統的髻式造型外，也會在額前留有一撮短髮，當時稱之「前瀏海」。辛亥革命後，開始興起剪髮。大約在30年代，人們開始崇尚西洋的髮式跟妝飾，群起效仿，染髮也成為達官貴人所追求的時髦，各式髮式造型達到歷

上方圖由左至右排序為：
李嵩《觀燈圖》局部。
唐寅《嫦娥奔月圖》局部。
金廷標《曹大家授書圖》局部，臺北故宮博物院藏。
禹之鼎《喬元之三好圖》局部，南京博物館藏。圖中的髮型為牡丹頭與鉢盂頭。
陳洪綬《撲蝶仕女圖》局部。

阮玲玉前瀏海髮式。

175

史上前所未有的豐富多樣。

中國的髮型隨著西方的影響，進入了演變、改革、繁榮的時期。進入2000年，受西方影響，燙髮、染髮更加盛行。

歷代的仕女之美與演變

縱觀中國髮型文化發展史，各種髮型無不深受歷史、民族及不同地域的影響。

髮型的演變過程，始終在人類文化史上反映著社會的交替、政治、文化、經濟和民族的形象水準。因此，在人類生活中佔據著舉足輕重的位置。

1.戰國《帛畫龍鳳仕女》，湖南省博物館藏。

2.唐《舞樂屏風》局部，新疆維吾爾自治區博物館藏。

3.唐寅《孟蜀宮妓圖》局部，北京故宮博物院藏。

4.改琦《元機詩意圖圖》局部，北京故宮博物院藏。

5.陳靜《靜思》局部，畫家自藏。

由早期的《帛畫龍鳳仕女》到曲眉鳳目，面頰豐腴的唐代仕女，經唐寅、改琦以「雞蛋臉、柳葉眉、蔥管鼻、鯉魚嘴」來塑造柔弱仕女的形象，之後再由接受了日式繪畫教育的陳靜，以膠彩展現中國女子婉約之美。

1   2   3   4   5

◆ 防止掉髮小常識 ◆

頭髮主要由蛋白質構成，營養攝取與頭髮健康，兩者息息相關，當然規律的生活作息與規律的運動，也都會影響到頭髮生長。

營養食物的攝取如下：

營養成份	可獲取的食物	功能
碘、硫	海帶、海菜等海藻類	有助血液酸鹼平衡
鋅	海鮮牡蠣魚貝類、雞蛋、大豆製品、乳製品、酵母 玉米、香菇、芝麻及芹菜、蔬果等	有利於頭髮生長
氨基酸蛋白質	魚貝類、雞蛋、大豆製品、乳製品、酵母	增進髮質，有助頭髮正常發育
微量元素	菠菜、花椰菜及各種豆類、檸檬、柑橘類	有益頭髮生長及改善
維他命A、E、P	Vital A：胡蘿蔔、南瓜、油菜、菠菜等黃綠色植物 Vital E：芝麻、堅果類等 Vital P：檸檬、柳丁、橘子、杏仁、櫻桃、蕎麥粉	促進血液循環 防止掉毛
維生素B群	糙米、小麥胚芽、米糠、花生、香蕉、肝臟、蜂蜜、酸乳酪等	促進頭皮新陳代謝及預防白髮
膠原蛋白	山藥、蓮藕、芋頭等	使頭髮充滿光澤

飲食跟掉髮的關係，雖然目前沒有研究的證實，但有家族遺傳的禿髮者，營養師認為，有些食物還是要盡量避免，以防頭髮越掉越多。

應避免攝取的食物如下：

原因	不良影響
辛辣食物	容易讓頭髮失去滋潤與脫落。
油膩食物	影響血液酸鹼度，不利於頭髮生長，容易掉髮。
高糖食物	身體容易產生酸性物質，阻礙頭髮生長及毛囊的營養供給。
過度菸酒	尼古丁會影響血液循環的功能，使頭皮微血管的血液循環功能受影響，頭髮的營養無法送達，因而加速掉頭髮。 酒在體內分解時，會產生乙醛，血液中的氧及養份會使之排開，頭髮就會受損。

避免掉髮不只要注意食物的均衡攝取，還要配合正常的生活作息。常常會有很多人說，壓力會迫使頭髮脫落和使頭髮變白，但這都不是直接的原因，而是誘因。

我們很難判斷自己的壓力到底累積多少，當工作過度或生活環境出現變化時，一定要進行自我檢視，在自己的能力範圍內，盡量消除壓力。不是要逃避壓力，而是要懂得調適壓力，接受壓力，選擇適合自己的方式紓解壓力。

出現異常掉髮警訊時，請減少燙染；養成良好清潔習慣，每二至三天洗一次頭；以溫水洗頭髮，盡量少用熱吹風機直吹頭皮。

警訊1：頭皮容易出油。頭皮會分泌汗水和油脂來滋潤頭髮，正常的油脂分泌是洗完頭後的第二天，頭髮會有一點油份，第三天會感覺有點油膩。如果頭皮常常油膩的，要小心可能是頭髮量減少，或壓力過大所導致。

警訊2：頭皮屑過多。頭皮時常發癢，就算是剛洗過頭也一樣。

警訊3：時常覺得頭髮蓬亂毛燥，頭皮緊繃。可能是過度清潔或皮脂分泌不足所導致，每次洗頭如果都會掉很多頭髮，梳頭時會有很多頭髮夾在梳子上，就要小心。

警訊4：頭皮發紅。表示頭皮出現發炎現象，甚至已經開始掉髮。

警訊5：頭皮變厚，按壓有下陷感。這種現象在醫學上稱之為「脂肪層水腫」，長期下來會引起嚴重掉髮。

警訊6：頭皮會痛。頭髮的周圍神經很豐富，掉髮時如果出現痛感就要小心，尤其會在雄性禿、女性廣泛性掉髮時，疼痛會特別明顯。

警訊7：頭皮太硬。太硬的頭皮是不健康的狀況，如果真皮硬化或皮下組織萎縮，會直接壓到骨頭。

警訊8：髮際線越來越高。從兩邊耳朵到頭頂畫弧線，如兩鬢凹陷的髮線越靠近弧線，就表示掉髮越來越嚴重；如髮線離中央弧線2-3公分，算是可接受的範圍。

警訊9：頭髮忽然變質變色，沒有彈性。頭髮如果突然變軟或變細，要注意可能是早期雄性禿；沒彈性的頭髮，很容易一扯就斷；自我檢測方法是，將一小撮頭髮捲在手指上，放開後頭髮如果很快恢復原狀，就表示彈性很好、很健康。

警訊10：毛囊出現異常。毛囊變黑就表示有發炎反應，可能是雄性禿的前兆。

奢華的年代

80 年代

顯微鏡下的頭髮

髮根，是埋於皮膚內的，並且被毛囊包圍。毛囊則是由表皮向下生長而成的一種囊狀構造，外表包覆一層透明的纖維鞘。

而毛球就是髮根和毛囊的最末端膨大的部位；毛球的特殊細胞分裂很活躍，會分裂產生新生頭髮，也是頭髮的生長點。另外，毛球內部有著許多微細血管形成的小結，提供所需的養份。

髮幹是露出表皮之外的部分，就是頭髮可見的地方，是由角化細胞構成的。頭髮組織可簡單分為表皮層、皮質層、毛髓層。髮幹的細胞質內有色素顆粒，它會使頭髮呈現顏色，而黑色素和菲色素含量的多寡和分配密度，會影響到頭髮的色澤。例如，黑色素含量較多者，髮色會呈深色，相對反之。菲色素含量較多者，髮色會呈淺褐色，相對反之。

女權主義在這個時代蓬勃發展，相較於過去70年代的壓抑，80年代可以說是一個轉折點。世界的經濟正逐步起飛，80年代是個物質豐厚、奢華的年代。

1980年，英國誕生首位女首相柴契爾夫人，正式宣告了大女人社會的來臨，過去的女穿男裝，在這個時期更盛行，甚至於男穿女裝，可見性別的界限已日漸模糊。

歌手麥克‧傑克森、喬治‧麥可……等都是以濃妝、性感服裝出現，甚至完全的女性打扮，模糊了男女之間的分界，在此時一連串的同性戀運動也紛紛崛起。

造型技術
平板燙：燙直你的髮

將頭髮黏在平板上，利用板子的重量，配合燙髮藥水所產生的效果，拉直頭髮。

在這個時期的燙髮藥水仍是使用麵粉加入冷燙的第一劑藥水調和，乾了之後再上第二劑固定還原即可。

80年代興起「平板燙」的主要效果如上所述，就是要把有自然捲度的捲髮或經燙捲過後的捲髮燙成直髮，燙過「平板燙」後的直髮視覺上相當的筆直，但是維

以平板離子燙來燙直頭髮，能展現
出一頭柔順的美髮。

持度沒有很長，約莫兩、三個月就會些微回捲，所以就需要再回美髮沙龍補燙直髮。「平板燙」後來演變成「離子燙」，其效果與「平板燙」是如出一轍，差別在於「離子燙」的持久度比「平板燙」來得高，且不會回捲。

後來「平板燙」也漸漸沒落，取而代之的是「離子燙」的盛行，其實兩者的燙髮效果都是一樣的，只是燙髮方式些微差距與名稱的不同而已。

80年代美麗盛宴

80年代在妝感的表現上也多採用眉峰明顯的粗眉、搭配過多的修飾來加強顴骨的骨感，以表達女性的獨立性格。

而在服飾上，女性為了一改過去柔弱的形象，除了在服裝上出現墊肩，增加女性的陽剛力量，外型上，不論是服裝、妝容、髮型，在這個時期都被刻意的放大強調。

誇張的髮飾、高聳的瀏海設計、臀部線條的高腰緊身牛仔褲，都在以突顯女性特質為主要目的，高腰及大墊肩可說是當時最流行的裝扮。

這是1980年代平板燙時期，會使用的平板工具。

伊莎貝拉·阿基妮於《致命登山行》（Mortelle Randonnee）中的劇照。

高角度瀏海

　　女權主義的高漲，讓過去在40年代曾經風行的高瀏海再次席捲而來，相較過去的髮型，「高角度瀏海」是極為誇張的表現。

　　80年代又回到一種迷思，瀏海高度跟美感被畫上等號，不論東方或西方，前額都吹了一個高角度的瀏海，在台灣它還被翻譯成「菜刀頭」跟「半屏山頭」，由此可見，這個高角度瀏海是橫跨整個80年代的指標之一。

黛妃頭

　　黛安娜個人魅力遠超過英國皇室家族中的其它成員，尤其在發生了離婚和車禍事件後，更被英國人民譽為永遠的王妃。因此，她始終不變的高角度瀏海及短髮造型一直深深的影響了80年代的流行，也就是後來我們通稱的「黛妃頭」。

　　一頭整齊又俏麗的短捲髮，高角度的瀏海，是黛妃頭的主要特色，低層次的剪髮方式和大波浪的捲度經由吹風技巧，吹成微蓬和低調的線條，再搭配前額的高角度瀏海，曾經風迷全球。她那清爽俐落又親切的造型，拉近了與平民百姓之間的距離，就算她已經離開人世，黛妃頭髮型依舊是設計師們的基本功夫之一。

化妝品廣告內頁，畫面中可看出女模的髮型也是著名的高角度瀏海。

黛安娜王妃家族照。她始終不變的高角度瀏海及短髮造型深深的影響了80年代的流行，也就是後來我們通稱的「黛妃頭」。

黛安娜王妃與威爾斯親王查爾斯的
結婚照。

年代知名人物代表

黛安娜王妃

　　全名黛安娜‧弗蘭茜斯‧蒙巴頓-溫莎
（Diana Frances Mountbatten-Windsor），她是
英國王儲、威爾斯親王查爾斯（Charles Philip
Arthur George）的第一任妻子，亦是威廉王子和
哈里王子的親生母親。1981年7月29日上午11時
正，查爾斯王子和年僅20歲的黛安娜的世紀婚禮
於聖保羅座堂舉行，共有二千六百五十位賓客
被邀，全球約十億人收看了電視直播。

　　黛安娜盛裝打扮，婚紗尾部共7.5公尺，戴
著家族冠冕，由她父親帶領她到查爾斯王子手
中。這是場全球注目的世紀婚禮，但後來由於查
爾斯王子和她各自的婚外情，在1996年正式離
婚，隔年與男友在車禍中喪生。

瑪丹娜

　　瑪丹娜（Madonna Louise Veronica
Ciccone），1958年8月16日，出生在美國。她曾在
密歇根大學學習舞蹈，後輟學到紐約闖天下。

　　她27歲生日那天（1985年8月16日）舉
行了第一次婚禮，嫁給了演員西恩潘（Sean
Penn），之後兩人的婚姻在1989年1月10日獲得
批准而結束，隨後瑪丹娜嫁給了英國新銳導演

蓋‧瑞奇（Guy Ritchie）。

　　瑪丹娜截至現在累計獲得二十一項VMA大獎，是不折不扣的得獎專業戶，並在2004年法國NRJ頒獎典禮中獲終身成就獎，是80年代非常具影響力的歌手。

　　《Material Girl》這張專輯的發行，讓瑪丹娜此後常被稱為「物質女孩」。這張專輯的她，充分在MTV中，把一位身為物質女孩的特色一一表現出來，簡單來說就是指拜金女孩，甚麼都要買最名貴的東西；她在造型上，也下了不少功夫，尤其是脖子上的那條銀光閃閃的鑽石項鍊，搭上她那頭美麗的金髮，整齊又浪漫的大波浪捲髮，類似法拉頭的剪髮與燙髮方式，未經吹風，保留了原始的波浪捲度，反而在視覺上達到狂野的效果，完全就是一個拜金女孩的模樣。即使她本人不拜金，卻在當時被稱為「物質女孩」，可見她在MTV的表演非常生動，令人印象深刻。

　　而從《Like a Virgin》這張專輯開始，瑪丹娜的多變形象，開始漸漸地成為她的職業策略。此張專輯中的她，主要想要表達的風格是一種肉體上的慾望感與性頹廢。所以，不難發現專輯上的造型，充分表現女人的性感與嫵媚，還帶點媚惑的撩人姿勢，紅棕的髮色，中長的大波浪捲度頭

《Material Girl》（物質女孩）MTV劇照。

瑪丹娜《Like a Virgin》專輯封面。

瑪丹娜《Music》專輯封面。自然的波浪髮。

瑪丹娜《Hard Candy》專輯封面。蓬鬆攏高的前額瀏海。

髮，鬆散的紋理，蓬鬆的空氣感，這樣的髮型被風輕輕一吹更顯得迷人、誘惑。

在《Music》專輯中的牛仔造型讓這款較長的波浪髮，增添了帥性、直爽，染成亞麻杏色的髮絲，加上寶藍色的衣帽及合身的襯衫剪裁，反倒顯現出低調的誘人身材。

《Hard Candy》專輯更是一身龐克勁裝，雪白肌膚搭上黑色馬甲襯托她那傲人身材，過膝的長靴，讓她的身材比例更加完美，一雙皮毛製的手套及金色的腰帶，形成強烈對比，帶點反叛意味，而纏繞於身的絲帶，更有流行女王的魅力；她將以往鬆散的長髮，染成極淡的亞麻色系，蓬鬆攏高的前額瀏海，搭配後頭部的挽成的龐克造型，帶動了後來內衣外穿，甚至讓很多亞洲的黑髮人種，紛紛將頭髮染淡。

麥可・傑克森

麥可・傑克森（Michael Jackson）美國印地安那州人，生於1958年，是1980年代最具影響力的超級巨星，月球漫步的舞蹈動作更是一絕。他不但寫下了破天荒的唱片銷售紀錄，更曾經獲得葛萊美獎十二項提名，獲獎七項的空前紀錄。他簽過有史以來最貴的藝人合約，至今無人能敵。

5歲就出道，出道十九年後，在1982年發行的《顫慄》（Thriller）掀起旋風，蟬聯美國

告示牌三十七週冠軍，全球狂銷一億四千萬張，寫下金氏世界記錄成為史上最賣座的經典作品。

西元2009年6月，他猝死家中，得年50歲，全球搖滾樂迷嘩然，許多歌迷為他哀悼，也使其音樂專輯再次衝上排行榜高峰。有關他的死亡，眾說紛紜，有人說他是濫用藥物致死，也有人說是因長期的身體不適而造成的器官衰竭，事實究竟如何，無人知道。

如同其崛起一般，他的死亡至今仍是炙手可熱的話題。也或者因為身後留下巨額遺產，更增添了這傳奇人物謎樣的色彩。

麥可的《The Remix Suite》（名家混音經典）這張專輯造型，就是70年代經典流行的阿福羅頭，如前述所說的一頭又大、又蓬、又捲、又厚重濃密的頭髮。當時還小的他已經是有名的小歌星，誇張的阿福羅頭搭配花襯衫，還有紅黃對比的喇叭褲，十足的阿哥哥造型。

麥可·傑克森《The Remix Suite》專輯封面「阿福羅頭」造型時期。

《顫慄》裡頭收錄的＜Billie Jean＞，讓麥可招牌的月球漫步舞步，風靡全世界，這張和全球巡迴演唱會搭配發行的專輯《歷史》，也寫下一千八百萬張的銷售數字。雖然在1983年就發明了月球漫步舞步，但1984年才開始發揚光大。

麥可·傑克森《Thriller》專輯封面，類「龐克」造型。

麥可‧傑克森《Bad》專輯封面。

麥可‧傑克森《流行樂之王：永恆紀念精選雙CD》，自然垂落的前額髮絲是經典特色。

　　在這張專輯中他以雪白的西裝襯托黝黑的捲髮，此時他的阿福羅頭已改良成類龐克式的造型，兩頰的蓬度已經漸漸服貼，並往耳後梳理，瀏海也垂長至眉間，胸前環抱著一隻的老虎，襯托出他的王者之風。

　　《Bad》專輯時的他，其演藝事業已如日中天，無人能及，他也開始以醫學技術調整其容貌，可愛的圓形鼻頭已不復見，取而代之的是高挺的鼻尖，而原先捲頭髮，不但改良成類龐克式的造型且捲度也較平順具光澤；黑色帥氣的皮夾克，搭配他獨有的舞步更顯得迷人。

　　而在《流行樂之王：永恆紀念精選雙CD》發行時，麥克雖已辭世，但他那經典的造型與舞步，例如月球漫步和殭屍舞等，仍然在全球風行。此張封面的造型，以經典的黑色帽、白色上衣搭西裝外套，搭配白色半截式手套，還有經典的九分西裝褲及亮漆皮鞋；至於這個階段的髮型，他基本上一定會搭配帽子，綁低低的馬尾，垂落兩三條的髮絲在額前，這就是經典的麥克造型。

◆ 不能不知道的毛囊 ◆

包圍在頭髮根部的囊狀組織就是毛囊。毛囊就像製造頭髮的工廠，沒有毛囊就不會有頭髮，想要有健康的頭髮，就要有健康的毛囊。

毛囊是控制頭髮生命週期的重要組織結構，它會產生週期性跟規律性的自我再生。

毛囊可分成三個成長階段：生長期→退化期→休止期→生長期，週而復始生長，一般來說，人的一生每個毛囊可以反覆生長達二十次。

生長期：毛囊分裂十分旺盛，頭髮也會持續生長，頭髮平均每個月約成長一公分，人體大概有80～90%的毛囊是處於生長期。在不同位置的毛囊中，生長週期的時間長短也會不同，頭皮上的毛囊是全身毛囊生長期最久的，頭髮處在生長期的時間約四～六年。

退化期：毛囊細胞開始停止分裂，頭髮不再變長而停滯，人體大約有1～3%的毛囊處於這種狀態，也有人說此階段是消褪期或脫落期。頭髮處在退化期的時間約二～三週。

休止期：此時毛囊開始萎縮，頭髮在此時脫落，人體大約有10～15%的毛囊處於此期，所以每天大約會掉髮50～100根頭髮。頭髮處在休止期的時間約三個月，而睫毛與眉毛的毛囊處在休止期的時間，會比頭髮久。

因此，毛囊是個既忙碌而有規則的器官，它忙碌著三個周期的循環，但又規則性地平均分配在每個時間點上，所以會不會變成禿頭一族，還得多靠它幫忙。

元素混亂的年代

90 年代

經過80年代的經濟興起，90年代發生了波斯灣戰爭，世界局勢有了巨大的變化，經濟逐漸蕭條，消費者感到失望，情況好比20年代的經濟大衰退。人們開始思考服裝造型，以及外在的裝扮是否太過奢侈，因此興起二手衣及舊衣新穿法，吹起了一陣復古風。

在這個時期大多以復古70年代的普普嘻皮風格為主，開始沒有特定的穿法，搭配的配件更是五花八門，這個年代可以說是一個元素混亂的年代。

除此之外，時尚界也吹起了另一個新風潮，由於速食文化和科技發達，在時裝設計上多與科技結合。

極簡樸實的風格是當時對科技未來感的定義，它們捨棄了過去那些繁瑣的細節，以簡潔俐落、清新的白色和銀色為主調。電影中也幾乎都是以科技話題做為題材，《第五元素》可以說是90年代的經典作品。

造型技術
離子燙

離子燙和過去的平板燙都一樣是將頭髮燙直的技術，不同的是，離子燙改良了過去需要利用板子重量拉直頭髮的技術，改為離子夾。

電影《第五元素》封面，造型設計展現出科技未來感與時尚結合感。

操作時先夾直頭髮，夾子的兩邊是平板的鐵片，一旦通電加熱，便可用受熱後的離子夾以高溫燙直頭髮，當然還要配合藥水的作用才能達到燙髮的效果。

造型技術

年代技術再升級：配合造型的挑染

在髮型上，飄逸烏黑的長髮仍為一般女性所嚮往，不過由於職業婦女的激增，為了工作方便，俐落的短髮及中長度的髮型是更切合實際的選擇。無論是哪一種髮型，都著重於頭髮的髮質、光澤度與柔和的線條，力求自然的表現感。講究時髦的女性則會將頭髮染色，或作局部「挑染」，使頭髮顏色改變，以配合造型或改變給他人的感覺。

利用離子燙離子夾塑型的直髮造型。

由於視覺系藝人的盛行，亞洲也吹起了改變髮色的一股旋風，幾乎人人都染髮，且顏色多元而大膽。像是李紋及日本視覺系樂團，都紛紛染上紅色、粉紅色、橘色、藍色……等誇張而亮眼的顏色。

亞洲人髮色原是黑色的，染髮時不易過色，也不容易染成那麼亮眼的顏色。在染髮時，要注意雙氧水的%數及時間掌控。

染髮的明度，由雙氧水的濃度決定，雙氧

水可協助染髮膏打開頭髮的毛鱗片，進而達成改變髮色的目的；雙氧水的濃度越高越能改變髮色，但染後的髮質也會越乾燥。

雙氧水因濃度的不同，有不同功能，操作的方式也不同。首先，雙氧水的濃度有兩種計算方式，一種是以百分比來算，有3%、6%、9%、12%，另一種是以含氧量區分，10vol、20 vol、30 vol、40vol，我們稱為度，兩者轉換的等式是3%=（10vol）、6%=（20vol）、9%=（30vol）、12%=（40vol）。

3%（10vol）：包括低於3%都是做為上色用。由較淺的髮色想染為深色髮時，會使用3%，因為它在染髮過程中，化學作用較為溫和，但如果是健康髮質或是深色髮，就不可能選擇這個濃度。

6%（20vol）：覆蓋白髮時，就是白髮想染成黑髮時使用。白髮用此濃度的雙氧水，染後才不會透光。

9%（30vol）：想要染比原來髮色略淺時，會使用此濃度的雙氧水，坊間染彩色髮時，它是最普遍被使用的雙氧水。

12%（40vol）：想要染比原來髮色更淺的顏色時，會使用此濃度的雙氧水，但使用此濃度的雙氧水，在染髮後，褪色的情況會更嚴重。

利用藍色調與黑色調，形成低調的迷情視覺效果，創造神祕、詭譎。

綠色調搭上紫色調，因而擦出激情
的對比效果，搭配幾何的剪髮造
型，更加有層次感。

「我想要的不是這個色！」，「為什麼這個顏色沒幾天就沒有了！」設計師常會聽到這樣的抱怨，到底該如何染出真正指定的顏色？如何看出有過色？為何染後的髮色和選的顏色差那麼多，只有在太陽強光下，才看得到色？

染髮的結果受很多因素影響，自己的髮質、髮色，染膏的品質、顏色，上色的溫度、時間等，都會有影響；有時環境的燈光不對，也會造成顏色視覺上的誤差，染髮色本及產品包裝上的顏色其實只是僅供參考。

在選擇染髮的顏色時，必須在燈光明亮的地方，首先判斷自己頭髮的顏色，然後分析染髮後的效果，再選擇自己喜歡的顏色。因為每個人的頭髮色度不同，染髮後的色彩，也就會跟著不一樣。色本上的頭髮顏色，只是個參考色，染髮的結果還是取決於頭髮本身的自然髮色與頭髮的自然光澤度。

你不得不相信，染髮調配顏色時，如同作化學實驗一樣，需要些失敗與成功的經驗交互累積。染髮看似簡單，但調配顏色這件事情，卻是非常困難的。有時可能需要二、三種染膏搭配調和，需要依據原有的髮色、膚色條件判斷。所以，必須尋找一位染髮經驗豐富的髮型設計師，但是，自己先行對染髮知識有所涉

髮尾處的鮮豔紅色調，眼光被狠狠抓住，與其他部位的髮色，呈現強烈的層次與對比感。

綠色調與紫色調的強烈對比搭配，加上髮夾的造型，讓整體造型效果，更加跳脫傳統。

X-Japan的主唱Hide；一身顏色豐富的日系搖滾打扮，帶起新一波的流行。

顯目的Hide髮型，一頭紅髮讓人不得不注意到他。

略，同時也可幫助自己的判斷。

90年代美麗盛宴

　　自然美在90年代更是裝扮的重點，裸妝成了美的代名詞，越是讓人看不出來有上妝，代表化妝技術越高明，這也算是極簡風格的另一種延伸。而在服飾上，混搭風格在90年代可謂是發揮到淋漓盡致，不論何種怪異的搭配方式，大家最終的目標只有一樣，就是穿出屬於自己的風格。

　　在這樣的混搭旋風下所創造的經典，便是日本樂團X-Japan的Hide例如：金屬皮衣、波希米亞、古典宮廷和華麗哥德及後期的龐克、軍裝迷彩、漆皮西裝……等，還有許多種難以形容的造型風格，都曾在他身上出現過。而Hide最獨特的是女裝男搭跟誇張的彩妝裝扮，加上Hide最醒目的髮型，從早期的倒豎金髮、孔雀頭，直到一頭紅的長髮、狂野的爆炸頭，還有後期多變的粉紅色短髮。到最後紅髮也演變成為Hide的招牌形象，因而創造了視覺系一詞。

蘑菇頭

　　此款髮型為鮑伯髮型延伸款式，在90年代亞洲小天王郭富城所帶動的一波新流行，過去鮑伯總以厚重的平瀏海為主，但在此時期，「蘑

菇頭」也在後來被稱為「富城頭」。此款髮型以
六四分的瀏海為風格，甚至演變為後來的「麥當
勞瀏海」，因為他自然分出的線條，就像是麥當
勞的LOGO「M」一樣，因而得名。

空氣感剪髮的羽毛剪

此款造型在70年代後出現，在90年代開始
流行應用並歷久不衰，這種髮型層次較高並在
髮尾處打薄至鬚鬚狀，如同羽毛一般的視覺及
觸感，稱之為羽毛剪。

多層次的金髮魅力

染上金髮搭配多層次，整體展現凌亂美的
髮型，設計師們設法用髮膠，定型液做出髮型。

多層次的金髮搭上羽毛剪的飄逸，
呈現出輕快俐落的美感。

1. 約1940年代即開始普遍的手推
剪和剪刀、剃刀。

2. 大電剪，1960年代使用的大電
剪。

3. 1980年代剪髮器具已慢慢有精
緻化改良。

年代知名人物代表

莎朗‧史東

　　莎朗‧史東（Sharon Stone），1958年3月10日出生於賓夕凡尼亞州，原本只為了賺錢而去參加選美比賽，卻讓她成了模特兒，也因而進入演藝圈。不過，莎朗‧史東在早期的電影演出並不是很出色，一直到遇上了一名導演，也是莎朗‧史東這輩子最感謝的人——保羅‧范赫文，這才終結了她時運不濟的情況。

　　她剛開始在《魔鬼總動員》中，飾演阿諾‧史瓦辛格的間諜妻子，美艷毒辣，雖然戲份不多，卻首度受到影壇注目到。直至《第六感追緝令》（Basic Instinct）的推出，才真正讓她一飛沖天。莎朗‧史東的冶艷演出，讓她成為好萊塢性感尤物的象徵，致命美女的化身，也讓全球男性觀眾開始膜拜這位性感女神，成為好萊塢最有影響力的女明星之一。

莎朗‧史東所主演的《第六感追緝令》封面。

茱莉亞‧羅勃茲

　　茱莉亞‧羅勃茲（Julia Fiona Roberts）1968
年10月28日生於美國喬治亞州，在進入電影圈
沒多久隨即以《鋼木蘭》獲得金球獎最佳女配
角，以及奧斯卡最佳女配角提名，尤其這部電
影有許多為硬底子的女演員，當大家還在訝異
這個新人不簡單時；隔年《麻雀變鳳凰》一推
出，更讓全世界都臣服在她的魅力之下，不只
獲得市場肯定，如此討喜的演出，更讓她繼女
配角之後，又入圍了奧斯卡最佳女主角。儘管
沒能順利取得獎座，不過這樣的際遇已經不知
羨煞了多少人。

　　這位以性感嘴唇加上自然風格著稱的女
子，成為90年代最搶眼的女星，和好朋友布萊
德‧彼特首度合作的新片《危險情人》，在美
國上映，便拿下當週票房冠軍，好萊塢票房女
王的地位，真是無人能及。

　　她在《麻雀變鳳凰》中，有著一頭蓬鬆
烏黑的波浪捲髮，長髮及胸且類似螺絲捲的波
浪，捲捲分明，活潑紋理，幾乎已經成為是茱
莉亞，羅勃茲的註冊商標。巴掌臉型的她，加
上深刻的五官，確實很適合此款髮型，也別有
一番迷人的女人味。

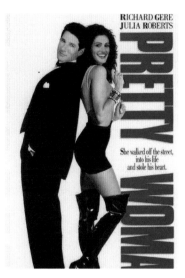

《麻雀變鳳》封面中的茱莉亞‧羅
勃茲，一頭蓬鬆的「螺絲捲波浪」
讓她更顯迷人。

◆ 染髮 ◆

能去美髮沙龍染髮，是一種專業的享受；在家自己動手染髮，也不用害怕手續太複雜，自己動手，可說是一種樂趣，這裡就教你幾招「染髮秘笈」，迅速變身為染髮DIY達人。

一、選擇染髮劑，髮色染淺不超過3度以上

染髮的原理，就是把頭髮的毛鱗片打開，先褪掉頭髮原來的顏色，再加進染髮劑的顏色，就會形成最後的顏色。所以，在挑選染髮劑時，建議是選擇和自己原本髮色接近的髮色，否則對頭髮的傷害會比較大。建議新手，第一次嘗試染髮，應選用與自身頭髮自然色色差不大的染劑，整體效果會比較好。

二、染髮前，頭皮、頭髮要先觀察

染髮前，髮絲上不能抹有慕絲、定型液等任何造型品，要確保頭髮是乾淨的，如無法知道自己是否為過敏性皮膚，可先行做皮膚過敏性測驗。

三、染頭髮時，室溫請保持在攝氏26至28度左右

不同的溫度，會形成不同的成色效果，而頭皮的溫度約37度左右，所以頭皮的過色跟髮尾的過色，就會因溫度不同，而結果不同。染髮的時候，若沒有注意到溫度的問題，可能在髮絲的過色中，會發生髮色不均勻的問題。因此，建議先染髮尾，停留十分鐘後，再染髮根。同樣的，脖子的溫度和頭頂的溫度，也會有些微差異，所以，要先從後頸部位的頭髮開始染髮，再接著染後頭部、頭頂區，由下往上染。在停留的過

程，需不斷的挑鬆頭髮，充分的讓每一絲頭髮都能夠維持在同一個溫度，這樣才不會產生色差。

四、上色重點

塗抹染髮劑時，將整顆頭的頭髮分成四大分區，每一個髮片只能有1公分的厚度，並順著髮流方向塗抹，可以利用已帶上手套的手，輕輕搓揉頭髮，讓染髮劑更加均勻。之後輕輕地挑鬆頭髮，讓染髮劑的色素在溫度相同的環境下均勻吸收，並讓染髮劑在頭髮上停留約二十五分鐘。如果髮質比較黑且粗硬，就讓染髮劑多停留十～十五分鐘。切忌不要用指甲抓頭皮，也不要按摩頭皮，不要讓染髮劑直接接觸頭皮。

五、染髮後及時補色

染髮後的平日洗髮，請用溫水沖洗，切忌用熱水或冷水。熱水會使頭髮褪色。用冷水洗，會讓雜質鎖在毛鱗片裡，反而會沖不乾淨，頭髮便會因此變硬。

選擇洗髮精，盡可能選擇中性的洗髮精，或是燙、染專用的洗髮精，否則，鹼性的洗髮精會使頭髮褪色更嚴重。染髮顏色越鮮艷的，越容易被分解，所以，選購護髮素也要挑專燙、染後的頭髮使用的護髮素。

一般而言，過兩個月之後需要補染，不只需要染靠近頭皮新生長的頭髮，也要將髮尾褪色的部分補上顏色，如此才不會有明顯的色差。

◆ 台灣理髮市場的演變 ◆

西元1900年前尚無美髮沙龍，當時的消費與就業市場皆是男人的天下，女人不適合拋頭露面，即使有理髮行業，但理髮師傅一律為男性。初期他們以移動式的經營為主，理髮師傅挑著兩頭式的扁擔，沿街叫賣，扁擔的一頭擔著工具，另一頭擔著加熱的溫水，溫水的功用是要軟化鬍根以利修臉。至1940年代，受日本與上海的影響，逐漸將移動式的營業方式，改以店面化經營，台灣開始出現「剃頭店」，因營業以剃頭為主要消費項目而得名。在很多老電影中，您還記得看過理髮學徒，要先以冬瓜為練習對象，如剃刀不會刮傷冬瓜表皮才可慢慢出師，還有專門用來磨利剃刀的皮帶。

當年除了剃頭之外，還有修臉的服務。修臉的項目可豐富了，除了修整鬍鬚，還有刮除汗毛等服務，而汗毛的範圍很廣，從臉部一直到頸後部，肩膀以上都是刮汗毛的範圍。此外，掏耳朵是提供給顧客享受舒服的一項服務，每位顧客幾乎都享受著那份越掏越癢的特別感覺。西元1980年代，剃頭店已陸續更名為「理髮廳」，而且掏耳朵的營業項目，在此時也因台灣政府明訂「理髮廳」不可再提供此項服務而廢除。西元1990年代，又有部分的「理髮廳」，將招牌改為「男子髮型設計」，有更多的美髮從業人員開始投入男子髮型設計的領域，以期許男子理髮能夠更年輕化。因為，這個行業已明顯有經營上的斷層，工作人員的要年齡層多屬於三十五歲至七十歲之間，大多數的理髮師傅期待可以保有男子理髮的獨特技藝，並希望再加入創新的美感，也期盼將男子理髮的技藝融入學校教育中，而得以將此技術帶給年輕人。

多元的文化年代

2k

年代

當人們跟隨時尚走入新世紀的時候，所有的造型模式都已經嘗試過了，越來越難得有驚喜，在這個年代只好追求質感、亮澤度；加上世界文化的大融合，呈現出最多元的文化風貌。高度想像的圖案以及鮮活色彩揉合成萬花筒。普普藝術在此一時期也漸成大眾文化，更進而發展出了塗鴉客以及馬賽克藝術。

資訊的發達、環境的劇變，也讓這個年代出現了許多新名詞。例如Y2K、SARS……等等，多元的文化發展也讓這個時代的風格顯得格外凌亂。

註： Y2K→就是 year 2 kilo，也就是西元2000 年的意思，是由電腦年序問題所引起。因為早年的電腦軟硬體設計，都是由末兩位數來代表西元的年份，於是電腦便以兩位數來做為運算的基礎。2000年時為大家擔憂年序變成00，造成系統產生辨識錯誤，導致發生不可預期的連鎖效應，幸而並未發生嚴重的脫序狀況。

註：SARS→嚴重急性呼吸道症候群，全球首宗病例發生於2002年，在中國廣東爆發，引發各界恐慌，並揭露中國政府隱瞞、控制真相直至疫情擴大，最後終成為全球話題。

造型技術

精彩多樣的燙髮：熱塑燙

　　熱塑燙花樣多、捲度持久、髮質不毛躁，與過去的冷燙在操作步驟上不太一樣，它必須再加上機器的協助加熱。之後的空氣燙、SPA燙⋯⋯等，都是由熱塑發展而來。美髮廠商為了替新的產品機氣做介紹推廣，所以發明了許多新名詞，在這個時期的燙髮是精彩多樣的。熱塑燙常見的種類有：

1.陶瓷燙

　　有些美髮沙龍會稱之「燙陶瓷燙」及「遠紅外線陶瓷燙」，其實就是熱塑燙的一種，不同的是熱塑時，機器是使用陶瓷導熱的髮捲，但其效果和方法並沒有太大區別。

2.離子燙

　　離子燙又被稱為「矯正燙」、「陶瓷平板燙」、「離子平板燙」、「無重力燙」，其實差異只是在燙髮工具的材質和藥水品牌的不同，還有平板夾之寬度和廠商的差別。簡單來說，就是全新的平板燙技術。第一代的燙直髮技術，稱為「平板燙」，是利用冷燙的原理，必須在頭髮上黏著厚重的平板片，很容易拉扯到頭皮，燙直髮的效果也不及離子燙持久。新發展出來的離子平板燙，在平板夾的內部，使

離子燙。

用陶瓷片導熱，只要一插電導熱，反覆拉直頭髮數遍之後，就能有直髮的效果。

離子燙髮型線條雖然很直，但是沒有柔順感也沒有彈性，有些呆板且不自然，以美學的角來看，離子燙並不適合所有人；尤其是受損特別嚴重的髮質，效果會更不理想。我們只能說，離子燙比較適合天生捲髮，或是髮量特別多的，以及燙過捲髮或是追求超直髮感覺的人。

3.玉米鬚燙

也有人稱之「玉米燙」。玉米鬚燙和離子燙的步驟相同，差別在於平板夾換成玉米鬚夾，是用一種可以夾出波紋細碎形狀的夾板，所以稱為玉米鬚燙。這種燙髮方式比較傷頭髮，尤其當你想恢復直髮或是改變其他燙髮時，通常無法改變和還原，因為它已經產生直角或是死角的壓痕，只能慢慢修剪掉或是繼續燙玉米鬚燙。

這種燙髮方式比較適合髮量少，或者是想製造更多的蓬蓬感的人。大多燙在頭頂區，可使頭髮看似多一些。建議燙髮前，先和髮型設計師充分溝通，因為燙後的髮質容易變差與分叉。

玉米鬚燙。玉米鬚創造的毛躁感，反而造成一種另類的時尚。

千禧年代的美麗盛宴

　　由於民族的融合及多元發展下，彩妝漸漸走向藝術美的階段，不單只像過去為了美化外表，而是開始利用彩妝的技巧達到偽飾的目的，讓人在化妝後就像是變了一個人。幾乎無素顏，是這個時期的彩妝代表。另外，身體彩繪也相當的風行，藝術家以人體作為畫布，在人體上彩繪，這跟過去保守的年代有很大的不同。

整體搭配的造型是2000年時尚界的重要話題。

　　在這個多元文化的時代裡，流行是沒有一定主軸的，唯一跟過去不同的是，過去的高腰褲已不復見，穿得越低甚至是露出內褲頭，反而成了一種流行指標。時尚伸展台上，並非一股腦兒的復刻過去的年代經典，而是再加上其它元素，所以我們可以看到一個穿著極為龐克的人身上，卻有許多的波西米亞風蕾絲。

　　2000年至今，髮型是逐年變化的，這個年代整體美感意識提高，擴大了設計師的視野，對應女性因多元文化流行資訊所產生的期待。還有男性們也因為全球吹起中性風，明白造型、愛美已不是女性所獨有，男性大談整體造型話題有愈來愈普及的趨勢。

　　髮型也不再是長度的問題，而是直髮和捲

髮的戰爭。染髮在這個年代已和剪髮、燙髮一樣的重要，幾乎人人都曾染過幾個不同的顏色。但是顏色的選擇，也從鮮豔的對比色彩轉化成光澤和質感上的染髮變化。造型上，過去美髮師、彩妝師、美甲師、服裝師是分開的幾種專業服務，但在這個年代，他們統稱為整體造型師。每一位設計師都要有十八般武藝，從髮型至彩妝、美甲，甚至延伸到服裝跟飾品、鞋靴的搭配，是每一位設計師皆要懂的專業。

國際型髮型競賽、每年在全球各地舉辦的世界美髮展，以及業界與學界相互的結合，讓關於美髮的技術與觀念，獲得全球同步的交流。在21世紀，因應時尚和流行，很多大專院校也紛紛設立相關科系。過去師徒相授的技藝，已演變成系統化的教育，將傳統繁瑣的工作轉化成有創作理念的實作。這些後起之秀，要學色彩學、設計學與繪畫技巧，旁及藝術欣賞、品牌概念，還有現代科技的電腦輔助，這是過去傳統學徒所無法擁有的。流行時尚延伸至此，可謂是在社會上占有一席之地。

髮型的中國風

隨著中國的國際影響力不斷增強，加上2008年北京奧運會的契機，中國風將再掀世界

強烈的對比髮色和如水花般的盤髮技巧、形成多層次的美感。

中國文化風。

時尚熱潮。在創意和設計上，國際頂級的髮型設計師越來越表現出對東方文化和中國元素的敬意。一般人對中國風的詮釋都是黑髮、長直髮或中國式盤髮，有時候甚至會使用髮簪、中國花紋、國畫風等來結合。但黑色為東方基本的髮色，搭配一直是中國喜慶的代表桃紅，竟也可呈現出另類的中國風。

多重顏色相互推疊，從髮型、彩妝到服裝，創造多采多姿的生活藝術。

髮型的藝術創作風

在這個年代裡，有些設計師開始將普普風從裝飾藝術，運用到服裝上，甚至是髮型上的藝術創作。髮色不只是挑染，還利用大量的彩色假髮束、扭轉的技巧，讓藝術發展有更多的可能。藝術欣賞也成了質感生活的表現。設計師開始將過去的經典藝術表現於彩妝或服裝造型之上。

藝術創作風。

髮型的未來主義風

起源於20世紀60年代的未來主義，在來到21世紀後，給了現代髮型設計師靈感。這股風潮因高科技、新媒體的影響，在造型及髮型上不斷發揮威力。

未來主義風，以白色為主軸創作，一
系列白色的髮、白色的妝、白色衣，
象徵對未來的吶喊及希望。

年代知名人物代表

妮可‧基嫚

　　妮可‧基嫚（Nicole Kidman）是好萊塢有名的長腿女星，優雅的她從西元1994年開始，便是大家所喜愛的親善大使。

　　妮可‧基嫚其實小時候是學習芭蕾舞的，可她那雪白的皮膚，還有一頭亂亂的紅色捲髮，一雙漂亮的碧綠眼睛，讓她總是受到同學的排擠，再加上她的發育良好，不到13歲便已經178公分左右。或許是因為她的外型特別與眾不同，她只好放棄芭蕾轉而往戲劇學校就讀。

　　西元1983年，妮可‧基嫚首次演出《叢林聖誕節》，當時才16歲的她，只是一個小配角，但正因為這個演出機會，讓她成為全國最耀眼的女影星。她的這部經典電影到後來的每年聖誕節，澳洲的電視台依舊會播映；而後，在西元1989年，她演出一部驚悚片《航越地平線》，由於她在這部電影中表現很出色，讓美國影壇開始注意到這個從澳洲來的美麗女演員。戲中的妮可‧基嫚還未將頭髮染成金髮，是她剛出道的火紅髮色，她那捲曲又蓬鬆帶有凌亂美的髮型風格，搭上她那一雙碧綠眼眸，格外有種吸引力。

電影《航越地平線》劇照。

西元2002年，她在《時時刻刻》這部電影
的演技，令人為之動容，讓她獲得奧斯卡金獎影
后。劇中妮可‧基嫚將原先蓬亂的頭髮，燙成大
波浪捲度且整齊的方型髮型，以詮釋她在劇中
的角色，三七旁分的瀏海，依然是火紅的髮絲。
隔年她的《厄夜變奏曲》、《冷山》兩部電影，
將她的演藝事業推向高峰，同時也在影迷的心
中留下高貴、完美的「冰山美人」印象。她將原
先的短髮留長了，也燙了一頭大波浪捲髮，髮色
跟著染得更加淺色。多變的髮色是妮可‧基嫚的
一大特色，卻看不出有任何一絲髮質受損，可見
她將自己的頭髮保養得很好。西元2005年，她以
甜美、俏麗的表演方式，詮釋《神仙家庭》中的
仙女。這部電影或許可以說是她的經典作品之
一，她在這部電影的表現，讓大家印象深刻，
除了她那俏皮的演技，她的髮型也擄獲不少女
性的青睞與模仿；染得更淺的金髮，三七旁分
的瀏海，再加上綁成公主式的半頭，整齊的大
波浪中長髮，與她削瘦的臉型搭配得恰到好
處。這部電影讓妮可‧基嫚擺脫以往的冰山美
人的形象，在劇中的她，可愛模樣深入人心。

剛出道的她是一頭火紅般的頭髮，然而為
了更襯托她的肌膚雪白，之後她終年以淺金髮
色出席各大場合。充滿光澤感又自然不造作的

電影《時時刻刻》封面。

電影《冷山》劇照。

電影《神仙家庭》劇照。

淺金髮色，在20世紀相當流行，無論是直髮或是捲髮的造型，這樣的髮色最能成為焦點。她那一頭蓬鬆自然又充滿亮麗光澤的頭髮，完全營造了當時的流行。

貝克漢

貝克漢著名雞冠頭。

大衛‧羅伯特‧約瑟夫‧貝克漢（David Robert Joseph Beckham）出生於倫敦雷頓斯通（Leytonstone），身高182公分，場上任右前衛或中前衛。在球場上最著名的球技，是右腳精準的長傳、傳中和出色的定位球，在俱樂部和國家隊生涯中都以此獲得了大量助攻和進球。黃金右腳的稱號開始在這個時期傳開來，甚至還有足球金童的美譽。

1996年8月，貝克漢經歷了其足球生涯最難忘的時刻。在對溫布頓的英超比賽上，他在中場線右邊位置射門，足球飛越了半個球場並跌入網窩。當時Sky Sports評述員馬丁‧泰勒說：「您將願意不停不停地重覆看（這個進球片段）」，此次進球在1996年被喻為超十季里程碑最佳進球之一。他的知名度與傳媒曝光率在賽事後急速上漲，延燒至2000年後，他的髮型更牽動著時尚界流行話題。

辣妹合唱團

辣妹合唱團（Spice Girls），20世紀90年代中期崛起的英國女子樂團，成員5人：Emma Bunton（寶貝辣妹）和Geri Halliwell（嗆辣妹，後來離隊作個人發展）、Melanie Brown（猛辣妹）、Melanie Chisholm（運動辣妹）、Victoria Beckham（高貴辣妹，貝克漢的妻子）。她們的特點就是打破女子演唱組衣著統一的陳規，每個人以自己獨特的穿著和演唱風格出現在舞台上。她們的崛起，帶動了「女孩力量」在全球的流行。

由左而右起：高貴辣妹、運動辣妹、猛辣妹、寶貝辣妹、嗆辣妹（前排）。

高貴辣妹擁有一頭長又直的烏黑秀髮，非常適合她高貴的神秘氣質；運動辣妹凌亂、微翹、自然垂落的髮型，散發自然的運動風；猛辣妹一頭超級蓬鬆的捲髮，猶如黑人頭般的波浪捲度，頭上頂著兩個似牛角的髮髻，為她增添了不少狂野味道；寶貝辣妹，如同她的暱稱亮麗金髮以層次式剪髮技巧修剪，然後在頭頂處兩端盤兩個小髮髻，整體造型就是可愛；嗆辣妹染了一頭朱紅色的頭髮，艷麗的紅唇，搭上她那高額瀏海及類法拉式的波浪捲度，整體看起來真的很嗆辣。

◆ 禿頭下的秘密 ◆

禿頭，又名禿髮，其成因很多，黴菌、細菌感染也可能導致禿頭；還有一些感染方式是屬於病毒感染的禿頭；另外，一般禿頭多屬於遺傳加上內分泌性失調合併而產生。

如果可能帶有禿頭的遺傳基因，及要生活正常、注重飲食而讓內分泌正常，血液充足，就不容易掉髮，也比較能延緩禿頭。

禿頭的成因：

內分泌失調、藥物（抗癌、抗凝血藥物、避孕藥物或食用過量的維生素A）、嚴重的慢性疾病、營養不良（缺鐵性貧血狀態）、先天性（部分病例是從出生就沒有頭髮或頭髮少，先天性毛囊發育不良）、生理性掉髮、情緒心理壓力等等。

禿頭的種類：

遺傳性禿頭（俗稱「雄性禿」）、圓禿（又名斑禿，俗稱「鬼剃頭」）、休止期禿頭。

雄性禿：約50%的40～50歲男性有此情形，大多是髮際線由太陽穴及前額部一直後移，或是頭頂光禿且不斷擴大。醫學界認為基因的遺傳性與雄性荷爾蒙過度旺盛是發病的主要原因。雄性禿通常發作於青春期後，過程以漸進式發生，毛囊局部能檢驗出高濃度之雄性荷爾蒙代謝物（DHT）。當頭皮中含有大量DHT時，便會使頭髮停止生長，最後形成禿頭。

圓禿：醫學上的名稱是斑禿，「鬼剃頭」是俗稱，症狀是如五十元硬幣大小般的圓形禿頭形狀出現在頭皮，成因至今仍不確定。醫學所提供的解釋有神經性過敏、細菌性感染、內分泌失調、免疫系統失調等。有種治療方法是在脫髮的地方注射類固醇，以刺激頭髮生長。如不就醫，人體還是有自癒能力可以慢慢恢復正常，使頭髮生長，只是恢復時間無法預期。

休止期禿：整個頭皮約有1/10的毛囊是處於休止期。如果突然間有大量毛囊進入休息狀態，稱為休止期禿髮。產後禿髮也是屬於休止期禿髮，只要時間一到，頭髮自然會慢慢長出來。

結語：新世紀的流行趨勢

流行時尚這塊區域，經歷了好幾百年的迅速發展，跟演化之後，我們清楚知道，它也彙集出一套屬於美髮的流行系統。

髮型設計的未來，有無限的可能與創意。更多的創意，隨著媒體的發展，以及越來越先進的平台，可以展現出更多新一代的設計。過去的經典話題，也的確對現代設計和未來流行影響甚深，這是不可否認的。在研究美髮時尚流行時，首要思考的重點是：該如何從經典的風格中，再度突破，進而發展出新世紀的新時尚概念。

多元文化的衝擊

起源於60年代的歐洲和美國兩大美髮學院——巴黎沙宣、芝加哥標榜是經典的美髮設計領導指標，至今仍是引領時尚潮流。現今更因科技發達，世界各地的時尚界，都可以在同一個時間裡，接收到來自各地不同文化的流行時尚。

由於這樣的全球性的發展，現在不再像過去一樣的封閉，讓文化的交流，到了一個全盛時期。混合異國的文化的流行風格，像是大草原文

化、東歐波西米亞、美國嬉皮、英國龐克、歐式學院風、印度風等等，常出現在時尚伸展台。不論哈日、哈韓或哈台風潮，只要能讓人印象深刻，可刺激視覺感官，都可說是是一種全新的文化流行代表。

大草原文化

非洲上的草原動物紋路的皮草、大地的色彩，俗稱大草原文化。搭配金髮碧眼的白人女子，在視覺上反而達到一種衝突的美感，成為一股全新文化代表。

美國嬉皮

嬉皮源自於50年代末，指的是一群行為乖僻、著裝怪異，排斥固有的社會習俗和慣例，藉以表現自我的年輕人。嬉皮文化是整個搖滾文化的基礎，它的口號是「愛與和平」。

嬉皮常見以皮外套、流蘇、皮褲、靴子、大鬍子、哈雷機車為主的騎士風格打扮。彩妝方面，講求自然、素顏、裸妝，剛好跟龐克相反。髮型講求的也是自然，有時會綁上自己手工做的彩色串珠、彩色麻花辮子羽毛在頭上，主要的表現是散髮，男生則會蓄意留鬍子。

東歐波西米亞

波西米亞人（Bohemia），一般翻譯為波西米亞，意指豪放的吉普賽人和頹廢派的文化人。波西米亞其實是個地名，布拉格的舊稱，充滿東歐的隨性的異國風，浪漫頹廢的流浪風格。

波西米亞風自由不羈，與嬉皮的特色有些相似，也和近年流行的民族風的流行概念契合。服裝元素以流蘇、披掛、編織、刺繡、多層次的搭配為主，充份表現個人的風格；在髮型上，隨性自然。

英國龐克

龐克（punk）文化是一種起源於1970年代的英國倫敦次文化。它是時尚流行文化中重要的一環。最早源自於混亂、無序、粗野、原始的音樂界。當時主要是為了表達對當時社會、現實不滿的反叛，後來擴及影響到思想、時尚、社會、文化等層面，逐漸變成一種在音樂、服裝或個人意識主張的風潮，也就是龐克風。

典型的龐克彩妝，重點放在眼線的描繪，並使用紅色、藍色等誇張的顏色；髮型的層次落差大，有著長髮與平頭並存的衝突性視覺效果，或在頭髮上染上誇張鮮豔的顏色。在龐克的流行元素當中，不難

發現像是拉鍊、別針、釘扣、纏繞、不對稱、破洞、束縛等等元素，藉以呈現出龐克叛逆不羈的感覺；顏色上，則以黑色、紅色、白色為主。除了服裝上的個性表現，配件的搭配更是營造龐克風格的主要物件；像是鉚釘裝飾、皮革、金屬銅扣、大型銀飾、金屬腰鍊、寬皮帶以及粗獷長靴、厚底膠鞋，都是龐克族不可或缺的配件。

歐式學院風

說到學院風，最重要的就是蘇格蘭裙，蘇格蘭格紋圖紋，可說是學院風應用最廣泛的元素，格紋也是學院風的主要象徵。

服裝上以多層次的搭配方式為主。學院風的重點搭法，男生以吊帶褲搭配格子襯衫，打開襯衫幾個釦子，再搭上同色系的吊帶，就能展現出英倫反叛青年的痞痞樣；另外，上半身可以長袖襯衫搭配V領針織衫的兩件式搭法，下半身以格子褲為主，並加上休閒式的領帶，鬆垮地繫在頸上。重點在於溫文儒雅的氣質，就能輕鬆穿出最正統的學院風。

女生部分的穿法非常多樣化，常見以襯衫、背心配上及膝裙為主的穿搭法，大量使用格紋為主，如：美式休閒風的方格和日系、英系

流行的斜紋格、菱格紋，尤其是蘇格蘭代表服裝──格紋裙，更是學院風最代表性的單品；重點是要能表現女生的乖乖氣質。所以衣服一定要平整，襯衫非燙平不可。髮型以梳整乾淨為主，髮飾可使用格子圖紋的或可愛的蝴蝶結。天冷時可外搭騎士風衣或長大衣，就能表現落落大方的學院風。

印度風

最幾年的時尚，可說是以「印度」為主；而提到印度風，就會使人聯想到穿著色彩斑斕的紗麗滿身的金銀首飾，隨著舞蹈的節奏翩然起舞的寶萊塢歌舞片女主角。印度元素以格紋、泡泡袖、絲巾、大手鐲，及服裝上的斜肩剪裁為主。服裝上可使用條紋、格子和印花交錯運用的織物，配上色彩，如黏土、胡椒、洋茴香和亮眼橘色等的「香料」色調，加上大手鐲、絲巾等亮眼的配件。搭配頭巾和精緻、強烈色彩的髮飾後，就可呈現出美麗的印度風情。

新世紀的流行趨勢

雖說多元的設計元素，會對未來的流行趨勢，帶來過多的混雜。但這樣的多元文化，不論是設計風格、服裝和彩妝等流行，也的確為

美髮流行時尚帶來不少靈感，激發更多髮型潛在創意的可能性。而要怎麼創造新世紀的流行，才能符合未來的時尚話題，是我們目前要最關心的重點之一。新世紀的流行趨勢，我們將概括分別為三個主題：突破自我的流行時尚、自然美學的流行時尚、都會線條的流行時尚。

突破自我的流行時尚

在過去的十年間，流行時尚一直是多元又複雜，我們很難在這種完全沒有系統的情況下，去定義什麼才是經典、時尚又是什麼。也因為新世代的年輕人，多變而不易定位，想要有所創新，唯有做自己，不被過去所侷限，隨著自己的心意有所突破，締造一個全新的流行時尚。

自然美學的流行時尚

當今大家最關心的議題，就是地球快速暖化的聖嬰現象、南極冰層逐年融化等全球性話題。這類的環保話題越來越受到人們的關注，環保一時間也成為流行時尚界，最關注的話題。在繁重的生活壓力下，人們渴望從自然中獲得靈感。以天然的棉、麻、絲為主的環保衣料，配合清新淡雅色調，讓身心更自由舒適。將環保與時尚融合一體，倡導簡約、舒適的服飾的自然文化，同時也奪得了消費者的好感。

　　髮型則以簡單又有型為主，崇尚自然，不需要太多的造型產品的使用，不用過多的裝飾。

　　捲髮不再是主秀，而以到肩膀或中短髮直髮為主，髮型線條感非常明顯，以經典的鮑伯和披頭式髮型為主，運用打薄、滑剪等等不同的剪髮方式，展現不對稱的線條感。男生的髮型重點，兩側頭髮呈現不規則層次，後面則以多層次表現。髮色以接近東方人髮色的黑棕色調為主要色調，整頭染上單一顏色，展現髮質的光澤亮麗質感，再搭配挑染，而挑染的用意，主要是為了讓整體髮型線條跟層次感更顯著。

都會線條的流行時尚

　　將都會建築的概念與時尚髮型的巧妙結合，並以多元樣貌，襯托女性的閃耀魅力，男性的都會品味，激進現代派的風格，帶來全新的時尚定義。其創作靈感來自於，從建築的幾何外形，自然流線的風格發展；而整體髮型的結構與設計，模仿建築的形狀和線條特色；髮型上筆直的剪裁，整體直而平的線條，看起來像是建築外觀有尖角的外型般；或利用建築物是凹凸曲線的外觀，轉換在髮型設計上，剪裁出明確角度及曲線感，展現出角度和整體立體感。

　　把現代主義的線條美感與頭髮融合一起，會是下一個世紀的時尚

主流。色彩上，以建築的金屬色，展現出如鐵和鉻的顏色，或運用建築上的拋光金屬色和微亮的金色，調配出以及冷色調的淺銀色。前所未有大膽創意的新色調，展現出細膩巧思與華麗的時尚都會風情。

　　整體造型皆來自於建築靈感，在眼影部分多採用明亮的銀色調，徹底表現了金屬狂放色彩；服裝上，以特殊的材質，運用銀與灰色表現出服裝的金屬感，也創造出具有結構感的建築空間表現的服裝，為未來打造獨樹一格的風格。

　　總之，新世紀流行趨勢會流行的髮型，看似簡單卻表現不一樣的風情；延續20世紀的流行，頭髮的長短造型看似隨意，其實很有章法，再搭配具品味的服裝、彩妝等整體造型，讓人為之一亮。捲度紋理會更加隨意自然，長度和形狀也是依照個人臉型裝扮設計；顏色深淺，也會依設計主軸不同而有所差異，但是都不失上述提到的三大主題：突破自我的流行時尚、自然美學的流行時尚、都會線條的流行時尚。這就是新世紀的「流行」髮型趨勢。

參考網路、參考書籍

參考網站：

維基百科：zh.wikipedia.org

中國百科網：www.chinabaike.com

滬江法語：fr.hjenglish.com

GarboForever：www.garboforever.com

Film reference：www.filmreference.com

Find a grave：www.findagrave.com

La Couturiere Parisienne：www.marquise.de

Festive Attyre：festiveattyre.com

Fashion-era：www.fashion-era.com

Yahoo知識：法國現代與過去，個別有哪些服裝特色？

新浪網＞新浪女性＞美容

diuba：www.diuba.com

Maxwell Demille：maxwelldemille.com

太平洋女性網＞香奈兒：luxury.pclady.com.cn/chanel/

國際城中時尚＞香奈兒：www.chicpark.com

網易＞女人＞可可香奈兒的世界：lady.163.com

網易＞女人＞告別"超骨感"封面女郎都增肥：lady.163.com

名人資料網＞阮玲玉：www.mrzl.com

Diuba＞阮玲玉：www.diuba.com

山外林處有炊煙/Chanel No.5：http://blog.sina.com.cn/tjupton

Yahoo部落格：第凡內早餐 ™Breakfast at Tiffany's

KingNetQueenNet時尚美容美髮流行資訊：queennet.kingnet.com.tw

KALEO＞'Glitz and Glamour' draws students, fashion buffs：www.kaleo.org

iknowhatyouwore：iknowhatyouwore.blogspot.com/

Katherine's Dress site：www.koshka-the-cat.com

chuliang阿里巴巴博客＞奧斯卡的歷屆影后全集

Freya's blog：lingmeizi.blog.163.com

搜房網＞南京業主論壇-浦口＞江岸水城＞【珍藏】歷屆奧斯卡影帝影后全集：nanjing.soufun.com

trends.com.cn ＞時裝＞我為衣狂：www.trends.com.cn

simply hairstyles＞1940s Hairstyles：www.simplyhairstyles.com

參考網路、參考書籍

搜狐網＞女人頻道＞流行時尚＞鞋和包包：women.sohu.com

百度＞高跟鞋：baike.baidu.com

Get go retro：getgoretro.blogspot.com

中國新聞網＞又見費雯麗！經典卷髮重現野貓風情：http://www.cns.hk:89/

東方網＞真人示範 夢露經典髮型新式演繹：http://www.eastday.com/

大紀元＞人物春秋＞天使"秀蘭.鄧波兒：一個經久不衰的神話：http://www.epochtimes.com

維基百科＞Marlene Dietrich：http://en.wikipedia.org/

時尚網＞時裝＞我為衣狂＞夢戰好萊塢：http://www.trends.com.cn

The fashionable past＞Godey's Lady's Book, September 1868：http://www.koshka-the-cat.com/

網易博客＞Freya's blog：http://lingmeizi.blog.163.com/

Zap 2 IT：http://www.zap2it.com/

阿里巴巴博客：http://blog.china.alibaba.com/

搜狐網＞女人頻道＞流行時尚＞鞋和包包＞鞋子：高跟鞋 女性狂愛如命：women.sohu.com

百度百科＞高跟鞋：http://baike.baidu.com/

Get go retro＞The Art of The Pin Curl .. . Hair, it's a beautiful thing!：http://getgoretro.blogspot.com/

搜狐網＞女人頻道＞流行風＞明星魅力＞名利：超越戴妃的王妃格蕾絲凱莉：women.sohu.com

IBERO：www.ibero.fi

時光網＞博客＞大云云的博客＞日誌＞奧黛麗 P赫本 美麗微笑融化凡人心：www.mtime.com

The Bargain Queens＞Style Icons＞Fashion icons don't follow fashion：www.thebargainqueen.com

大紀元＞50年代的鮑伯頭 經典復出：www.epochtimes.com

中國網＞50年經典潮流髮型回顧：big5.china.com.cn

Crooner Culture＞1950's Fashion–The Circle Skirt：www.croonerculture.com

甜甜圈＞摩納哥最美麗的王妃~葛莉絲凱莉　永遠的傳奇：www.ttsc.com.tw

騰訊女性＞奧斯卡 風尚的風向標：lady.qq.com

痞客邦＞女人我最大：vita0827.pixnet.net

流行趨勢追蹤＞女人的裙子永遠不嫌短：blog.yam.com/flyme2

維基百科＞摩斯族

蜂鳥網影像頻道＞"貓王"照片浮出水面：image.fengniao.com

beaut.ie＞Classic Make-up and Beauty Book–Mary Quant：beaut.ie/blog

回聲樂團/blog＞我最敬佩的女鼓手：www.echoband.com/blog

無名部落格＞赫本頭（奧黛麗赫本頭）：www.wretch.cc/blog/angel1983816/

Nook hair mode yahoo 部落格＞60年代MODS（摩斯）復古流行文化：tw.myblog.yahoo.com/retro-hair

今日新聞＞霹靂嬌娃法拉佛西癌症病逝 抗癌紀錄片鼓舞人心：www.nownews.com

美髮沙龍網＞Total Look時尚髮型的先驅：www.hairsalon.com.tw

肯邦網頁＞從最基礎的概念出發，簡單就是美！：www.hairhelp.can.com.tw

音謀筆記＞英國龐克運動--一個行為藝術作品：jeph.bluecircus.net

Hairstyle Names From 1970s Ebony Ad：meathaus.com

痞客邦＞Rain Dog＞回顧麥可傑克森十大經典片刻......：http://raindog.pixnet.net/blog

Yahoo部落格＞翔霏的寶貝屋＞麥可傑克森猝逝(精彩29段MV)：http://tw.myblog.yahoo.com/

Yahoo部落格＞Michael Jackson-麥可傑克森＞麥可傑克森的白手套是為了遮蓋皮膚病 ：http://tw.myblog.yahoo.com/

Salvage Life＞1980's Fashion: Thank you Madonna!：http://salvagelife.blogspot.com/

無名小站＞半瓶醋電影咖啡館＞關於麥可傑克森 Michael Jackson：http://www.wretch.cc/blog/

Flickr＞永遠的王妃：黛安娜：http://www.flickr.com/

騰訊娛樂＞法國婦女向媒體爆料 聲稱腎臟來自戴安娜王妃

參考書籍：

王受之《時裝史》藝術家出版社，2006年

凱特.莫微/梅麗薩.理查德斯《流行：活色生香的百年時尚生活》中國友誼出版社，2007年

林淑瑛編繪《輔仁服飾辭典》輔仁大學出版社，1999年

特別聲明：

本書參考、使用了一些文獻圖片資料，由於年代久遠、認定困難或缺乏聯絡模式，無法與這些原圖資料作者一一聯繫，在此深表歉意。相關作者見本書見本書後，可與出版社聯繫，我們將按規定支付稿酬。

What' s Fashion

秀髮的百年盛宴

作　　者　陳冠伶
總 編 輯　許汝紘
美術編輯　楊詠棠
行銷企劃　陳威佑
執行企劃　劉文賢
總　　監　黃可家
發　　行　許麗雪
出　　版　信實文化行銷有限公司
地　　址　台北市大安區忠孝東路四段 341 號 11 樓之3
電　　話　（02）2740-3939
傳　　真　（02）2777-1413
官方網站　www.whats.com.tw
網路書店　shop.whats.com.tw
E-Mail　　service@whats.com.tw
Facebook　https://www.facebook.com/whats.com.tw
劃撥帳號　50040687 信實文化行銷有限公司

印　　刷　上海印刷廠股份有限公司
地　　址　新北市土城區大暖路 71 號
電　　話　（02）2269-7921

總 經 銷　高見文化行銷股份有限公司
地　　址　新北市樹林區佳園路二段 70-1 號
電　　話　（02）2668-9005

2015 年 7 月 二版
定　價：新台幣 380 元
著作權所有·翻印必究
本書文字非經同意，不得轉載或公開播放

更多書籍介紹、活動訊息，請上網輸入關鍵字 高談書店 搜尋

國家圖書館出版品預行編目（CIP）資料

秀髮的百年盛宴 / 陳冠伶著. – 二版. – 臺北市：信
實文化行銷, 2015.07
面； 公分–（What's Fashion）
ISBN: 978-986-5767-77-8（平裝）

1. 髮型　2. 時尚　3. 歷史

425.5　　　　　　　　　　　　　　104011715

特別感謝

贊助廠商：
昇宏國際有限公司

SHAAN HONQ
昇宏國際企業股份有限公司

圖文及資料廠商：
魔髮師造型室
黛比髮型工作室
昇宏國際有限公司
統一男仕髮型工作室：洪天林老師
彭美齡個人工作室
蔡孟霖個人工作室

更多高談、序曲、九韵、華滋出版書籍與活動訊息請上網查詢
高談Speak閱讀生活誌：www.cultuspeak.com
網路書店：shop.whats.com.tw
LINE@：@mop0471b
Facebook：facebook.com/whats.com.tw

Art
藝術館

書名	作者	定價
你不可不知道的300幅名畫及其畫家與畫派	高談文化編輯部	420
你不可不知道的100位中國畫家及其作品	張桐瑀	480
你不可不知道的100位西洋畫家及其創作	許麗雯暨藝術企劃小組	480
盡情瀏覽100位西洋畫家及其作品	許麗雯暨編輯小組	350
盡情瀏覽100位中國畫家及其作品	許汝紘暨編輯小組	280
歐洲藝術中的神話與傳說	王觀泉	350
西洋藝術中的性美學	姚宏翔、蔡強、王群	360
直到我死去的那一天：梵谷最後的親筆信	蔡秉叡	480
美學原理	葉朗	550
裸‧喪	陳冠伶	280
收藏的秘密	莊仲平	380
世博與建築	鄭時齡、陳易	350
世博與郵票	王華南	320
世界螃蟹郵票圖鑑	洪明仕、魏尚世	350
從郵票中看中歐的景觀與建築	王華南	360
少女杜拉的故事	佛洛伊德	380
世界頂尖舞團	歐建平	460
圖解西洋史	胡燕欣	420
圖解藝術史	白瑩	450
百花齊放：33 位最具影響力的現代藝術家及其作品	魏尚河	370
女人。畫家的繆斯或魔咒	許汝紘	360

諾阿‧諾阿：你不可不知道的高更與大溪地手札	保羅‧高更	350
破解當代藝術的迷思	周至禹	320
解讀現代藝術	周至禹	320
魅惑之源：藝術吸引力分析	劉法民	380
比亞茲萊的插畫世界	許麗雯	320
點線面	康丁斯基	320
藝術中的精神	康丁斯基	300
克利教學筆記	保羅‧克利	300
孤獨的絕唱：八大山人傳	陳世旭	480
用不同的觀點，和你一起欣賞世界名畫	許汝紘	320
西洋藝術便利貼： 你不可不知道的藝術家故事與藝術小辭典	許麗雯	320
你不可不知道的歐洲藝術與建築風格	許麗雯	380
從古典到後現代：桂冠建築師與世界經典建築	夏紓	380
城記	王軍	500
宮殿：從興盛到衰亡的歐洲王朝史	王波	380
園冶：破解中國園林設計密碼(彩繪圖本)	計成/撰；胡天壽/譯注	450

Fashion 時尚設計館

金屬編織：未來系魅力精工飾品DIY	愛蓮‧費雪	320
妳也可以成為美鞋改造達人	喬‧派克漢、莎拉‧托利佛	320
潘朵拉的魔幻香水	香娜	450
時尚是個好生意	妮可拉‧懷特、伊恩‧葛里菲斯	420
流行二千年	唐建光	380
名媛	喬凡尼‧薄伽丘	380
華麗的偷竊：其實流行是「偷」來的	伊茉琴‧愛德華‧瓊斯	280
名畫中的時尚元素	許汝紘	300
秀髮的百年盛宴	陳冠伶	380
日本文具設計大揭密	編集部 編	320